"十四五"时期国家重点出版物出版专项规划项目

中国气候与生态环境演变评估报告

秦大河　总主编

丁永建　翟盘茂　宋连春　姜克隽　副总主编

中国科学院科技服务网络计划项目："中国气候与环境演变：2021"（KFJ-STS-ZDTP-052）

中国气象局气候变化专项："中国气候与生态环境演变"

联合资助

中国气候与生态环境演变：2021

综 合 卷

秦大河　丁永建　主　编

翟盘茂　宋连春
罗　勇　姜克隽　副主编

科学出版社

北　京

内 容 简 介

本书是在对中国气候和环境变化事实、影响和脆弱性以及减缓对策系统评估的基础上,聚焦观测到的气候变化与生态环境演变及其成因、未来气候变化及风险预估、适应与减缓措施及行动成效、具有气候恢复力的发展路径四个方面,通过综合集成,凝练得出核心结论。在变化事实方面,重点关注了极端事件、人类活动对中国气候变化的影响、影响中国气候变化的大尺度因子、气候变化对社会经济系统的影响等。在未来风险方面,重点针对气温、降水等关键变量及极端事件变化,预估给出了核心结论;同时,依据暴露度与脆弱性,综合分析了在气候变化影响下,中国未来在水资源、农业、冰冻圈、生态系统、人居环境、人群健康、重大工程等方面的潜在风险。在适应与减缓方面,主要从全球和中国两个视角,对适应与减缓气候变化的成效、措施选择及协同作用等进行了系统梳理和总结。最后,从碳排放路径、可持续发展、构建人类命运共同体等视角,阐释了选择具有气候恢复力发展路径的要义及内涵。

本书为有兴趣了解气候变化的读者提供了便捷通道,可供相关专业和领域的各行业人员参考。

审图号: GS (2022) 263 号

图书在版编目(CIP)数据

中国气候与生态环境演变.2021.综合卷/秦大河,丁永建主编. — 北京:科学出版社,2022.2
(中国气候与生态环境演变评估报告/秦大河总主编)
"十四五"时期国家重点出版物出版专项规划项目
ISBN 978-7-03-071550-0

Ⅰ.①中… Ⅱ.①秦…②丁… Ⅲ.①气候变化-中国 ②生态环境-中国
Ⅳ.①P468.2 ②X321.2

中国版本图书馆CIP数据核字(2022)第030015号

责任编辑:朱 丽 郭允允 赵 晶/责任校对:何艳萍
责任印制:肖 兴/封面设计:蓝正设计

科学出版社 出版
北京东黄城根北街 16 号
邮政编码:100717
http://www.sciencep.com

北京九天鸿程印刷有限责任公司 印刷
科学出版社发行 各地新华书店经销

*

2022年2月第 一 版 开本:787×1092 1/16
2022年2月第一次印刷 印张:12
字数:250 000
定价:158.00元
(如有印装质量问题,我社负责调换)

丛书编委会

总　主　编：秦大河
副总主编：丁永建（常务）　翟盘茂　宋连春　姜克隽
编　　　委：（按姓氏汉语拼音排序）

白　泉	蔡庆华	蔡闻佳	巢清尘	陈　莎	陈　文	陈　曦	陈　迎
陈发虎	陈诗一	陈显尧	陈亚宁	崔胜辉	代春艳	邓　伟	丁一汇
董红敏	董文杰	董文娟	杜德斌	段茂盛	方创琳	冯升波	傅　莎
傅伯杰	高　荣	高　翔	高　云	高清竹	高庆先	高学杰	宫　鹏
龚道溢	何大明	黄　磊	黄　耀	黄存瑞	姜　彤	姜大膀	居　辉
康利平	康世昌	李　迅	李春兰	李新荣	李永祺	李玉娥	李占斌
李振宇	廖　宏	林而达	林光辉	刘国彬	刘国华	刘洪滨	刘起勇
刘绍臣	龙丽娟	罗　勇	罗亚丽	欧训民	潘学标	潘志华	彭　琛
朴世龙	任贾文	邵雪梅	宋长春	苏布达	孙　松	孙　颖	孙福宝
孙建奇	孙振清	谭显春	滕　飞	田智宇	王　军	王　克	王澄海
王春乙	王东晓	王根绪	王国复	王国庆	王江山	王文军	王晓明
王雪梅	王志立	温家洪	温宗国	吴吉东	吴建国	吴青柏	吴绍洪
吴通华	吴统文	夏　军	效存德	徐　影	徐新武	许建初	严登华
杨　秀	杨芯岩	尹志聪	于贵瑞	余克服	俞永强	俞志明	禹　湘
袁家海	张　华	张　强	张建国	张建云	张人禾	张宪洲	张小曳
张寅生	张勇传	张志强	赵春雨	郑　艳	郑景云	周　胜	周波涛
周大地	周广胜	周天军	朱　蓉	朱建华	朱立平	朱松丽	朱永官
庄贵阳	左军成	左志燕					

秘书组：王生霞　徐新武　闫宇平　魏　超　王　荣　王文华　王世金
技术支持：余　荣　周蓝月　黄建斌　魏　超　刘影影　朱　磊　王生霞

本卷编写组

主　　编：秦大河　丁永建

副 主 编：翟盘茂　宋连春　罗　勇　姜克隽

编　　委：（按姓氏汉语拼音排序）

陈　迎　代春艳　董文杰　高　云　高学杰　黄　磊　姜　彤

李晨毓　李春兰　刘洪滨　潘志华　朴世龙　孙　颖　孙福宝

孙建奇　王国庆　王少平　王生霞　王志立　吴吉东　吴绍洪

效存德　徐新武　杨　佼　杨　秀　尹志聪　于贵瑞　张建云

张小曳　周波涛　周天军

技术支持：王生霞　徐新武　余　荣　王少平　黄建斌　魏　超　刘影影

总序一

气候变化及其影响的研究已成为国际关注的热点。以联合国政府间气候变化专门委员会（IPCC）为代表的全球气候变化评估结果，已成为国际社会认识气候变化过程、判识影响程度、寻求减缓途径的重要科学依据。气候变化不仅仅是气候自身的变化，而且是气候系统五大圈层，即大气圈、水圈、冰冻圈、生物圈和岩石圈（陆地表层圈层）整体的变化，因此其对人类生存环境与可持续发展影响巨大，与社会经济、政治外交和国家安全息息相关。

从科学的角度来看，气候变化研究就是要认识规律、揭示机理、阐明影响机制，为人类适应和减缓气候变化提供科学依据。但由于气候系统的复杂性，气候变化涉及自然和社会科学的方方面面，研究者从各自的学科、视角开展研究，每年均有大量有关气候系统变化的最新成果发表。尤其是近10年来，发表的有关气候变化的最新成果大量增加，在气候变化影响方面的研究进展更令人瞩目。面对复杂的气候系统及爆炸性增长的文献信息，如何在大量的文献中总结出气候系统变化的规律性成果，凝练出重大共识性结论，指导气候变化适应与减缓，是各国、各界关注的科学问题。基于上述原因，由联合国发起，世界气象组织 (WMO) 和联合国环境规划署 (UNEP) 组织实施的 IPCC 对全球气候变化的评估报告引起了高度关注。IPCC 的科学结论与工作模式也得到了普遍认同。

中国地处东亚、延至内陆腹地，不仅受季风气候和西风系统的双重影响，而且受青藏高原、西伯利亚等区域天气、气候系统的影响，北极海冰、欧亚积雪等也对中国天气、气候影响巨大。在与全球气候变化一致的大背景下，中国气候变化也表现出显著的区域差异性。同时，在全球气候变化影响下，中国极端天气气候事件频发，带来的灾害损失不断增多。针对中国实际情况，参照 IPCC 的工作模式，以大量已有中国气候与环境变化的研究成果为依托，结合最新发展动态，借鉴国际研究规范，组织有关自然科学、社会科学等多学科力量，结合国家构建和谐社会和实施"一带一路"倡议的实际需求，对气候系统变化中我国所面临的生态与环境问题、区域脆弱性与适宜性及其对区域社会经济发展的影响和保障程度等方面进行综合评估，形成科学依据充分、具有权威性，并与国际接轨的高水平评估报告，其在科学上具有重要意义。

中国科学院对气候变化研究高度重视，与中国气象局联合组织了多次中国气候变化评估工作。此次在中国科学院和中国气象局的共同资助下，由秦大河院士牵头实施的"中国气候与生态环境演变：2021"评估研究，组织国内上百名相关领域的骨干专家，历时 3 年完成了《中国气候与生态环境演变：2021（第一卷　科学基础）》、《中国气候与生态环境演变：2021（第二卷上　领域和行业影响、脆弱性与适应）》、《中国气候与生态环境演变：2021（第二卷下　区域影响、脆弱性与适应）》、《中国气候与生态环境演变：2021（第三卷　减缓）》及《中国气候与生态环境演变：2021（综合卷）》（中、英文版）等评估报告，系统地评估了中国过去及未来气候与生态变化事实、带来的各种影响、应采取的适应和减缓对策。在当前中国提出碳中和重大宣示的背景下，这一报告的出版不仅对认识气候变化具有重要的科学意义，也对各行各业制定相应的碳中和政策具有积极的参考价值，同时也可作为全面检阅中国气候变化研究科学水平的重要标尺。在此，我对参与这次评估工作的广大科技人员表示衷心的感谢！期待中国气候与生态环境变化研究以此为契机，在未来的研究中更上一层楼。

中国科学院院长、中国科学院院士

2021 年 6 月 30 日

总序二

近百年来，全球气候变暖已是不争的事实。2020年全球气候系统变暖趋势进一步加剧，全球平均温度较工业化前水平（1850～1900年平均值）高出约1.2℃，是有记录以来的三个最暖年之一。世界经济论坛2021年发布《全球风险报告》，连续五年把极端天气、气候变化减缓与适应措施失败列为未来十年出现频率最多和影响程度最大的环境风险。国际社会已深刻认识到应对气候变化是当前全球面临的最严峻挑战，采取积极措施应对气候变化已成为各国的共同意愿和紧迫需求。我国天气气候复杂多变，是全球气候变化的敏感区，气候变化导致极端天气气候事件趋多趋强，气象灾害损失增多，气候风险加大，对粮食安全、水资源安全、生态安全、环境安全、能源安全、重大工程安全、经济安全等领域均产生严重威胁。

2020年9月，国家主席习近平在第七十五届联合国大会一般性辩论上郑重宣布，二氧化碳排放力争于2030年前达到峰值，努力争取2060年前实现碳中和。这是中国基于推动构建人类命运共同体的责任担当和实现可持续发展的内在要求做出的重大战略决策。2021年4月，习近平主席在领导人气候峰会上提出了"六个坚持"，强烈呼吁面对全球环境治理前所未有的困难，国际社会要以前所未有的雄心和行动，勇于担当，勠力同心，共同构建人与自然生命共同体。这不但展示了我国极力推动全球可持续发展的责任担当，也为全球实现绿色可持续发展提供了切实可行的中国方案。

中国气象局作为IPCC评估报告的国内牵头单位，是专业从事气候和气候变化研究、业务和服务的机构，曾先后两次联合中国科学院组织实施了"中国气候与环境演变"评估。本轮评估组织了国内多部门近200位自然和社会科学领域的相关专家，围绕"生态文明""一带一路""粤港澳大湾区""长江经济带""雄安新区"等国家建设，综合分析评估了气候系统变化的基本事实，区域气候环境的脆弱性及气候变化应对等，归纳和提出了我国科学家的最新研究成果和观点，从现有科学认知水平上加强了应对气候变化形势分析和研判，同时进一步厘清了应对气候生态环境变化的科学任务。

我国气象部门立足定位和职责，充分发挥了在气候变化科学、影响评估和决策支撑上的优势，为国家应对气候变化提供了全链条科学支持。可以预见，未来十年将是社会转型发展和科技变革的十年。科学应对气候变化，有效降低不同时间尺度气候变化所引发的潜在风险，需要在国家国土空间规划和建设中充分考虑气候变化因素，推动开展基于自然的解决方案，通过主动适应气候变化减少气候风险；需要高度重视气候变化对我国不同区域、不同生态环境的影响，加强对气候变化背景下环境污染、生态系统退化、生物多样性减少、资源环境与生态恶化等问题的监测和评估，加快研发相应的风险评估技术和防御技术，建立气候变化风险早期监测预警评估系统。

"十四五"开局之年出版本报告具有十分重要的意义，对碳中和目标下的防灾减灾救灾、应对气候变化和生态文明建设具有重要的参考价值。中国气象局愿与社会各界同仁携起手来，为实现我国经济社会发展的既定战略目标砥砺奋进、开拓创新，为全人类福祉和中华民族的伟大复兴做出应有的贡献。

中国气象局党组书记、局长

2021 年 4 月 26 日

总序三

当前，气候变化已经成为国际广泛关注的话题，从科学家到企业家、从政府首脑到普通大众，气候变化问题犹如持续上升的温度，成为国际重大热点议题。对气候变化问题的广泛关注，源自工业革命以来人类大量排放温室气体造成气候系统快速变暖、并由此引发的一系列让人类猝不及防的严重后果。气候系统涉及大气圈、水圈、冰冻圈、生物圈和岩石圈五大圈层，各圈层之间既相互依存又相互作用，因此，气候变化的内在机制十分复杂。气候变化研究还涉及自然和人文的方方面面，自然科学和社会科学各领域科学家从不同方向和不同视角开展着广泛的研究。如何把握现阶段海量研究文献中对气候变化研究的整体认识水平和研究程度，深入理解气候变化及其影响机制，趋利避害地适应气候变化影响，有效减缓气候变化，开展气候变化科学评估成为重要手段。

国际上以 IPCC 为代表开展的全球气候变化评估，不仅是理解全球气候变化的权威科学，而且也是国际社会制定应对全球气候变化政策的科学依据。在此基础上，以发达国家为主的区域（欧盟）和国家（美国、加拿大、澳大利亚等）的评估，为制定区域/国家的气候政策起到了重要科学支撑作用。中国气候与环境评估起始于 2000 年中国科学院西部行动计划重大项目"西部生态环境演变规律与水土资源可持续利用研究"，在此项目中设置了"中国西部环境演变评估"课题，对西部气候和环境变化进行了系统评估，于 2002 年完成了《中国西部环境演变评估》报告（三卷及综合卷），该报告为西部大开发国家战略实施起到了较好作用，也引起科学界广泛好评。在此基础上，2003 年由中国科学院、中国气象局和科技部联合组织实施了第一次全国性的"中国气候与环境演变"评估工作，出版了《中国气候与环境演变》（上、下卷）评估报告，该报告为随后的气候变化国家评估报告奠定了科学认识基础。基于第一次全国评估的成功经验，2008 年由中国科学院和中国气象局联合组织实施了"中国气候与环境演变：2012"评估研究，出版了一套系列评估专著，即《中国气候与环境演变：2012（第一卷科学基础）》《中国气候与环境演变：2012（第二卷 影响与脆弱性）》《中国气候与环境演变：2012（第三卷 减缓与适应）》和由上述三卷核心结论提炼而成的《中国气候与环境演变：2012（综合卷）》。这也是既参照国际评估范式，又结合中国实际，从科学基础、影响与脆弱性、适应与减缓三方面开展的系统性科学评估工作。

时至今日，距第二次全国评估报告过去已近十年。十年来，不仅针对中国气候与环境变化的研究有了快速发展，而且气候变化与环境科学和国际形势也发生了巨大变化。基于科学研究新认识、依据国家发展新情况、结合国际新形势，再次开展全国气候与环境变化评估就成了迫切的任务。为此，中国科学院和中国气象局联合，于2018年启动了"中国气候与生态环境演变：2021"评估工作。本次评估共组织国内17个部门、45个单位近200位自然和社会科学领域的相关专家，针对气候变化的事实、影响与脆弱性、适应与减缓等三方面开展了系统的科学评估，完成了《中国气候与生态环境演变：2021（第一卷　科学基础）》《中国气候与生态环境演变：2021（第二卷上　领域和行业的影响、脆弱性与适应）》《中国气候与生态环境演变：2021（第二卷下　区域影响、脆弱性与适应）》《中国气候与生态环境演变：2021（第三卷　减缓）》《中国气候与生态环境演变：2021（综合卷）》（中、英文版）等系列评估报告。评估报告出版之际，我对各位参与本次评估的广大科技人员表示由衷的感谢！

中国气候与生态环境演变评估工作走过了近20年历程，这20年也是中国社会经济快速发展、科技实力整体大幅提升的阶段，从评估中也深切地感受到中国科学研究的快速进步。在第一次全国气候与环境评估时，科学基础部分的研究文献占绝大多数，而有关影响与脆弱性及适应与减缓方面的文献少之又少，以至于在对这些方面的评估中，只能借鉴国际文献对国外的相关评估结果，定性指出中国可能存在的相应问题。由于文献所限第一次全国气候评估报告只出版了上、下两卷，上卷为科学基础，下卷为影响、适应与减缓，且下卷篇幅只有上卷的三分之二。到2008年开展第二次全国气候与环境评估时，这一情况已有改观，发表的相关文献足以支撑分别完成影响与脆弱性、适应与减缓的评估工作，且关注点已经开始向影响和适应方面转移。本次评估发生了根本性变化，有关影响、脆弱性、适应与减缓研究的文献已经大量增加，评估重心已经转向重视影响和适应。本次评估报告的第二卷分上、下两部分出版，上部分是针对领域和行业的影响、脆弱性与适应评估，下部分是针对重点区域的影响、脆弱性与适应评估，由此可见一斑。对气候和生态环境变化引发的影响、带来的脆弱性以及如何适应，这也是各国关注的重点。从中国评估气候与生态环境变化评估成果来看，反映出中国科学家近20年所做出的努力和所取得的丰硕成果。中国已经向世界郑重宣布，努力争取2060年前实现碳中和，中国科学家也正为此开展广泛研究。相信在下次评估时，碳中和将会成为重点内容之一。

回想近三年的评估工作，为组织好一支近200人，来自不同部门和不同领域，既有从事自然科学、又有从事社会科学研究的队伍高效地开展气候和生态变化的系统评估，共召开了 8 次全体主笔会议、3 次全体作者会议，各卷还分别多次召开卷、章作者会议，在充分交流、讨论及三次内审的基础上，数易其稿，并邀请上百位专家进行了评审，提出了 1000 多条修改建议。针对评审意见，又对各章进行了修改和意见答复，形成了部门送审稿，并送国家十余个部门进行了部门审稿，共收到部门修改意见 683 条，在此基础上，最终形成了出版稿。

参加报告评审的部门有科技部、工业和信息化部、自然资源部、生态环境部、住房和城乡建设部、交通运输部、农业农村部、文化和旅游部、国家卫生健康委员会、中国科学院、中国社会科学院、国家能源局、国家林业和草原局等；参加报告第一卷评审的专家有蔡榕硕、陈文、陈正洪、胡永云、马柱国、宋金明、王斌、王开存、王守荣、许小峰、严中伟、余锦华、翟惟东、赵传峰、赵宗慈、周顺武、朱江等；参加报告第二卷评审的专家有陈大可、陈海山、崔鹏、崔雪峰、方修琦、封国林、李双成、刘鸿雁、刘晓东、任福民、王浩、王乃昂、王忠静、许吟隆、杨晓光、张强、郑大玮等；参加报告第三卷评审的专家有卞勇、陈邵锋、崔宜筠、邓祥征、冯金磊、耿涌、黄全胜、康艳兵、李国庆、李俊峰、牛桂敏、乔岳、苏晓晖、王遥、徐鹤、余莎、张树伟、赵胜川、周楠、周冯琦等；参加报告综合卷评审的专家有卞勇、蔡榕硕、巢清尘、陈活泼、陈邵锋、邓祥征、方创琳、葛全胜、耿涌、黄建平、李俊峰、李庆祥、孙颖、王颖、王金南、王守荣、许小峰、张树伟、赵胜川、赵宗慈、郑大玮等。在此对各部门和各位专家的认真评审、建设性的意见和建议表示真诚的感谢！

评估报告的完成来之不易，在此对秘书组高效的组织工作表达感谢！特别对全面负责本次评估报告秘书组成员王生霞、魏超、王文华、闫宇平、徐新武、王荣、王世金，以及各卷技术支持余荣和周蓝月（第一卷）、黄建斌（第二卷上）、魏超（第二卷下）、刘影影和朱磊（第三卷）、王生霞（综合卷）表达诚挚谢意，他们为协调各卷工作、组织评估会议、联络评估专家、汇集评审意见、沟通出版事宜等方面做出了很大努力，给予了巨大的付出，为确保本次评估顺利完成做出了重要贡献。

由于评估涉及自然和社会广泛领域，评估工作难免存在不当之处，在报告即将出版之际，怀着惴惴不安的心情，殷切期待着广大读者的批评指正。

中国科学院院士

2021 年 4 月 20 日

前 言

"中国气候与生态环境演变：2021"评估研究是在中国科学院和中国气象局的共同资助下，由秦大河院士牵头实施的。该评估研究组织了国内上百名相关领域的骨干专家，历时3年完成了《中国气候与生态环境演变：2021（第一卷 科学基础）》、《中国气候与生态环境演变：2021（第二卷上 领域和行业影响、脆弱性与适应）》、《中国气候与生态环境演变：2021（第二卷下 区域影响、脆弱性与适应）》、《中国气候与生态环境演变：2021（第三卷 减缓）》及《中国气候与生态环境演变：2021（综合卷）》（中、英文版）等评估报告。本卷为《中国气候与生态环境演变：2021（综合卷）》（简称《综合卷》），是以前四册评估报告为依据，通过重新梳理主线、综合评估重要研究结果、集成相关评估成果、凝练关键结论而成的。

《综合卷》以变化和影响事实—未来预估与风险—适应与减缓为主线，聚焦观测到的气候变化与生态环境演变及其成因、未来气候变化及风险预估、适应与减缓措施及行动成效、具有气候恢复力的发展路径四个方面。在变化事实方面，从气候系统圈层的视角，揭示了大气圈、水圈、冰冻圈、生态系统和行星环境等已经发生的变化；在此基础上，对过去极端事件的变化给予了特别关注；通过分析人类活动对中国气候变化的影响以及影响中国气候变化的大尺度因子，阐释了影响我国气候变化的全球和区域因素；围绕气候变化对社会经济系统的影响，从影响程度和影响的区域差异两方面给予了重点关注。

在未来风险方面，重点针对气温、降水等关键变量的预估给出了核心结论；在此基础上，利用区域气候模式，对中国未来与气温和降水、温度和湿度相关的极端事件进行了模拟；进一步分析了气候变化影响下的中国自然和社会经济系统的暴露度与脆弱性，重点对洪涝、干旱和高温影响下，暴露度与脆弱性未来的可能变化进行了分析；综合评估了气候变化对中国未来的潜在影响，中国未来在水资源、农业、冰冻圈、生态系统、人居环境、人群健康、重大工程等方面由于受气候变化影响，存在不同程度的潜在风险。

在适应与减缓方面，主要从全球和中国两个视角，对适应与减缓气候变化的成效、措施选择及协同作用等进行了系统梳理和总结，重点从适应气候变化、减缓气候变化及适应与减缓的协同作用等方面进行了阐述。最后，从碳排放路径、可持续发展、构建人类命运共同体等视角，阐释了选择具有气候恢复力发展路径的要义及内涵。

参加《综合卷》评估报告编写工作的有来自中国科学院、中国气象局、国家发展和改革委员会、中国社会科学院、教育部、水利部等部门所属科研院所40余名科研人员。本书由秦大河和丁永建任主编，翟盘茂、宋连春、罗勇、姜克隽为副主编，王生霞和徐新武等负责技术支持工作。第1章为导论，秦大河为总负责，章技术支持为徐新武，全球气候与生态环境的演变由翟盘茂、周波涛、黄磊撰写，中国气候、生态环境与社会经济发展的历史演化由效存德、吴吉东撰写，未来变化和转型发展由秦大河、李春兰撰写，中国气候与环境生态评估报告的贡献由周波涛撰写，本次评估概况由徐新武撰写。第2章为观测到的气候变化与生态环境演变及其成因，翟盘茂为总负责，章技术支持为余荣，观测事实由翟盘茂、王国庆、朴世龙、效存德撰写，极端事件由孙建奇和孙颖撰写，人类活动对中国气候变化的影响由张小曳和王志立撰写，影响中国气候变化的大尺度因子由周波涛和尹志聪撰写，气候变化对社会经济系统的影响由丁永建、于贵瑞、王少平、王生霞、李晨毓撰写。第3章为未来气候变化及风险预估，丁永建为总负责，章技术支持为王少平，未来气候变化的人类活动驱动力由姜彤撰写，地球系统模式与综合评估模型由董文杰和姜克隽撰写，未来气候变化预估由周天军和高学杰撰写，极端事件变化预估由高学杰和周天军撰写，暴露度与脆弱性由姜彤撰写，未来气候变化风险由吴绍洪撰写，知识窗由姜彤、效存德、杨佼撰写。第4章为适应与减缓措施及行动成效，罗勇为总负责，章技术支持为魏超和黄建斌，适应气候变化由宋连春、张建云、刘洪滨、孙福宝、黄磊、潘志华撰写，减缓气候变化由姜克隽、代春艳、杨秀撰写，适应与减缓的协同作用由陈迎、姜克隽撰写。第5章为具有气候恢复力的发展路径，姜克隽为总负责，章技术支持为刘影影，《巴黎协定》温升目标下全球与中国碳排放空间与实现路径由姜克隽撰写，应对气候变化与可持续发展由秦大河、姜克隽、陈迎、效存德、代春艳撰写，以全球气候治理助力构建人类命运共同体由高云撰写，应对气候变化：我们共同的未来由姜克隽撰写。

在本次评估过程中，来自不同部门、不同单位、不同领域的专家辛勤耕耘，共同研讨，反复修改，付出了巨大努力，在此对各位专家的辛勤工作和无私贡献表示衷心感谢。对王生霞、徐新武、余荣、王少平、黄建斌、魏超和刘影影等各章秘书及技术支持工作者表示感谢！在本书即将出版之际，特别对全面负责本次评估报告秘书及技术支持的王生霞博士和徐新武博士表达诚挚谢意，他们为协调各章工作、组织评估会议、联络评估专家、汇集评审意见、沟通出版事宜等付出了很多，确保了本次评估顺利完成。此外，还对参与本次评估报告秘书组工作的闫宇平、魏超、王荣、王文华、王世金、俞杰等一并表示感谢。

秦大河　中国科学院院士／研究员
中国科学院大学岗位教师
丁永建　中国科学院西北生态环境资源研究院 研究员
中国科学院大学岗位教师
2021 年 11 月 15 日

目　录

■ 总序一

　总序二

　总序三

　前言

■ 第 1 章　导论 1

1.1 全球气候与生态环境的演变 2

　　1.1.1　人类活动对地球环境的影响与宜居地球 2

　　1.1.2　人类活动对全球气候变化的影响 4

　　1.1.3　气候变化对自然系统与人类系统的影响与风险 5

1.2 中国气候、生态环境与社会经济发展的历史演化 6

　　1.2.1　基本概况 6

　　1.2.2　历史时期的气候、生态环境和社会经济发展变化 7

　　1.2.3　现代气候、生态环境变化 8

　　1.2.4　现代社会经济发展变化 10

1.3 未来变化和转型发展 12

　　1.3.1　未来气候及生态环境变化与风险 12

　　1.3.2　应对气候变化和环境保护行动 14

　　1.3.3　向可持续发展转型 16

1.4 中国气候与环境生态评估报告的贡献 16

1.5 本次评估概况 18

　参考文献 19

■ **第 2 章　观测到的气候变化与生态环境演变及其成因**　**21**

2.1　观测事实　22

　　2.1.1　大气圈　22

　　2.1.2　水圈　23

　　2.1.3　冰冻圈　26

　　2.1.4　生态系统　27

　　2.1.5　行星环境　31

2.2　极端事件　31

　　2.2.1　极端温度事件　32

　　2.2.2　极端降水事件　32

　　2.2.3　台风及强对流天气　33

　　2.2.4　沙尘暴与霾　35

　　2.2.5　冰冻圈事件　35

　　2.2.6　森林火险天气　37

　　2.2.7　复合极端事件　37

　　2.2.8　极端事件归因　38

2.3　人类活动对中国气候变化的影响　39

　　2.3.1　人类活动对大气成分的影响及产生的辐射强迫　39

■　2.3.2　人类活动对中国地面太阳辐射和地面气温变化

　　　　　的影响　43

　　2.3.3　人类活动对东亚夏季风环流和中国降水变化的影响　44

　　2.3.4　人类活动对中国极端天气气候事件的影响　45

2.4　影响中国气候变化的大尺度因子　45

　　2.4.1　东亚季风　45

　　2.4.2　大气环流主模态与遥相关　47

　　2.4.3　海洋模态　48

　　2.4.4　北极海冰和青藏高原积雪　49

　　2.4.5　欧亚大陆积雪　50

2.5　气候变化对社会经济系统的影响　50

　　2.5.1　气候变化对中国社会经济系统的影响程度　50

2.5.2 气候变化对中国社会经济系统影响的区域差异 56

参考文献 60

第 3 章 未来气候变化及风险预估 63

3.1 未来气候变化的人类活动驱动力 64

3.2 地球系统模式与综合评估模型 66

    3.2.1 地球系统模式 66

    3.2.2 区域气候模式 68

    3.2.3 综合评估模型 70

3.3 未来气候变化预估 72

    3.3.1 气温 72

    3.3.2 降水 74

3.4 极端事件变化预估 77

    3.4.1 气温相关极端事件 77

    3.4.2 降水相关极端事件 79

    3.4.3 复合型高温－高湿极端事件 81

3.5 暴露度与脆弱性 81

    3.5.1 观测到的暴露度和脆弱性变化 81

    3.5.2 暴雨洪涝影响的社会经济暴露度和脆弱性可能变化 82

    3.5.3 未来干旱影响的社会经济暴露度和脆弱性可能变化 85

    3.5.4 未来与高温热浪有关的人群健康暴露度和脆弱性可
能变化 88

3.6 未来气候变化风险 92

    3.6.1 水资源 93

    3.6.2 农业 94

    3.6.3 冰冻圈 96

    3.6.4 生态系统 96

    3.6.5 人居环境 98

    3.6.6 人群健康 100

    3.6.7 重大工程 100

参考文献 104

□ 第 4 章　适应与减缓措施及行动成效 109

4.1　适应气候变化 110

    4.1.1　全球进展 110

    4.1.2　适应策略 111

    4.1.3　适应技术与措施选择 112

    4.1.4　中国适应气候变化行动与成效 116

4.2　减缓气候变化 120

    4.2.1　全球进展 120

    4.2.2　减缓技术与措施选择 124

    4.2.3　中国减排政策及成效 126

    4.2.4　中国地区减排及成效 128

4.3　适应与减缓的协同作用 129

    4.3.1　适应与减缓及其相互关系 129

    4.3.2　中国适应与减缓协同的措施行动和成效 132

    4.3.3　《巴黎协定》目标下的适应与减缓策略 133

参考文献 134

□ 第 5 章　具有气候恢复力的发展路径 137

5.1　《巴黎协定》温升目标下全球与中国碳排放空间与实现

    路径 138

    5.1.1　全球与中国碳排放空间 138

    5.1.2　全球减排路径 139

    5.1.3　中国减排路径 140

5.2　应对气候变化与可持续发展 145

    5.2.1　应对气候变化与可持续发展目标的关联 145

    5.2.2　气候恢复力与风险管理 147

    5.2.3　应对气候变化与大气污染治理 149

    5.2.4　应对气候变化与其他系统的关联 150

    5.2.5　应对气候变化与消除贫困 153

    5.2.6　应对气候变化与公平伦理 154

5.3　以全球气候治理助力构建人类命运共同体　154

　　5.3.1　全球气候治理体系及其面临的挑战　155

　　5.3.2　地球系统可持续管理理念与科学评估支撑　158

　　5.3.3　统筹国际国内积极应对气候变化　160

5.4　应对气候变化：我们共同的未来　162

参考文献　164

第1章 导 论

▪ **执行摘要**

　　地球环境进入"人类世"（Anthropocene），人类活动成为全球气候、生态环境变化的主要驱动力。未来人类活动的持续干扰将使地球系统丧失恢复力，因此迫切需要确定宜居地球的"安全公正廊道"。从中国自然禀赋和历史人－地关系看，当代中国背负着前所未有的压力，可持续发展面临突出矛盾。未来气候与生态环境变化将对中国国家安全多个领域构成重大威胁，必须向低碳、绿色发展转型，提升生态文明水平，引领人类命运共同体建设。开展新一轮"中国气候与生态环境演变：2021"科学评估，可为中国应对气候和生态环境变化的战略决策提供科学依据。

1.1 全球气候与生态环境的演变

地球环境进入"人类世"[①]，人类活动成为全球气候、生态环境变化的主要驱动力。未来人类活动的持续干扰将使地球系统丧失恢复力，因此迫切需要确定宜居地球的"安全公正廊道"。

1.1.1 人类活动对地球环境的影响与宜居地球

人类自 350 万年前出现在东非草原起，就开始影响着地球环境。从狩猎、农耕，到 1750 年开始的工业化和进入"人类世"，人类改变地球环境的力度大大加剧。1750 年全球人口不到 10 亿人，2019 年已达 77 亿人；根据联合国发布的《2019 年世界人口展望》报告，2030 年全球人口将超过 85 亿人，2050 年约为 100 亿人。1 万年前地球上野生动物的数量占比为 99%，人类只占 1%，现在野生动物仅占 1%，人类占 32%，豢养动物占 67%。目前，2/5 的地球陆地面积种植粮食，3/4 的淡水被人类利用，75% 的陆地生态系统受到人类的影响[②]。

科技进步加速，人类财富猛增，同时人类更长寿、更健康。史前时代，人类平均寿命仅 30 岁，1950 ~ 1955 年世界人口预期寿命为 46 岁，2005 ~ 2010 年已达 67 岁，2050 年将超过 75 岁。1900 年世界城市人口占比为 14%，21 世纪初已达一半以上。同时，人类面临气候变暖、环境恶化、资源消耗加剧、生态系统受损、生物栖息地锐减等严峻的气候与生态环境问题。

联合国于 2015 年制定了《改变我们的世界：2030 年可持续发展议程》（简称《2030 年可持续发展议程》），涵盖了减贫、教育、保护气候、环境恶化、社会经济等 17 个领域的可持续发展目标（sustainable development goals，SDGs）。2020 年新冠肺炎（COVID-19）疫情肆虐，其负面影响至少将持续数年，全球 2030 年实现 SDGs 面临困境。

人类文明的发展和繁荣，很大程度上得益于全新世（Holocene）的宜人环境。在全新世，大气和生物地球化学过程相对稳定，地球系统能通过内部反馈吸收和消弭外界干扰，使社会 – 生态系统得以稳定和持续发展（Steffen et al.，2018）。工业革命以来，人类活动成为全球气候与环境变化的主要驱动力，人造物质量已超过地球生物量，地球系统的自然稳定性被打破。目前，人类正处于地球系统未来的岔路口，如果未来人类仍不加限制地排放温室气体，地球系统将丧失恢复能力，进入"热室地球"（hothouse earth）这一不稳定的状态，届时人类社会将面临巨大风险 [图 1-1（a）]。

---

① "人类世"由诺贝尔化学奖得主保罗·克鲁岑在 2002 年首次提出，意即由人类主导的新地质时代，人类活动对整个地球产生了深刻影响。
② Future Earth. Our Future on Earth 2020. www.futureearth.org/publications/our-future-on-earth.

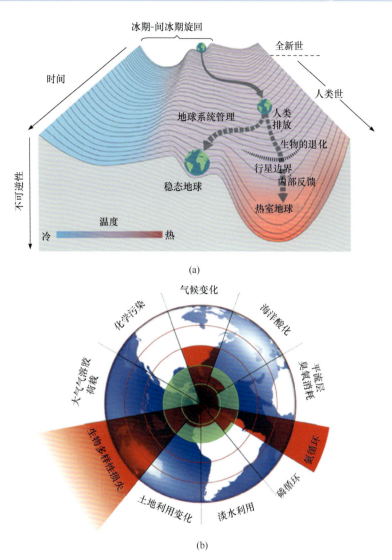

图 1-1　地球系统演化轨迹（a）与行星边界（b）示意图
（Steffen et al.，2015，2018；Rockström et al.，2009）

2009 年，瑞典斯德哥尔摩大学斯德哥尔摩恢复力研究中心 Rockström 领衔的国际地球系统和环境科学领域科学家团队，在分析维持地球系统稳定性和恢复力关键过程的基础上，提出了"行星边界"（planetary boundary）的理论框架，从而为辨析和量化人类未来发展的安全运行空间、阻止过度人类活动干扰造成不可逆的环境变化提供了重要理念（Rockström et al.，2009）。以全新世的气候与生态环境为参照，Rockström 等（2009）评估了气候变化、海洋酸化、平流层臭氧消耗、氮循环、磷循环、淡水利用、土地利用变化、生物多样性损失、大气气溶胶荷载和化学污染等地球系统的十个关键过程及其阈值。结果表明，气候变化、生物多样性损失（具体是基因多样性）和氮循环已经越过了行星边界，此外，磷循环和土地利用变化也进入了高风险区间。评估指出，地球系统关键过程处在行星边界内时，人类可持续发展能得到保障，当有一个或多个跨越阈值时，环境变化风险将大大增加 [图 1-1（b ）]。

为加强"人类世"地球系统恢复力管理，探寻人类可持续发展路径，2019 年"未来地球"（Future Earth，FE ）计划召集全球一个卓越科学家小组，成立了地球委员会（ Earth Commission，EC ），旨在"建立一个融合环境和经济、人类和地球的 21 世纪新平台，以改造经济体系、造福社会、维持地球的自然系统"。人类社会的发展进步依赖于地球系统的稳定和人类与地球稳定的全面融合。实现融合的关键是科学地定义地球上人类发展的"安全公正廊道"，使地球的生命维持系统保持稳定并能支撑人类福祉。地球的自然资源，如碳、营养、水和土地资源是有限的，"安全公正"还包括必须在人类之间及其和大自然之间实现共享。如何定量确定地球"安全公正廊道"并付诸行动，是世界各国面临的长期任务，对于拥有 14 亿人口的中国，上述要求则更具挑战性。

1.1.2 人类活动对全球气候变化的影响

工业革命以来，燃烧化石燃料和生物质排放温室气体和气溶胶等大气成分、生产生活排放各类化学物质、土地利用和覆盖变化改变地表特征等人类活动，造成了由大气圈、水圈、冰冻圈、生物圈和岩石圈组成的气候系统的变化。辐射强迫（radiative forcing，RF ）可量化人类活动对气候系统的影响程度。政府间气候变化专门委员会（ Intergovernmental Panel on Climate Change，IPCC ）第六次评估报告（ IPCC AR6，2021年 ）给出的 2019 年的 RF（相对于 1750 年）为 2.72W/m^2，比 IPCC 第五次评估报告（ IPCC AR5，2013 年）给出的 2011 年的 RF 增加了 0.43W/m^2。1750 年以来大气 CO_2浓度的增加是 RF 增加的主要原因。2019 年，大气 CO_2 浓度为 410ppm[①]，比工业化前高了 48%，为 200 万年来最高。大气圈、水圈、冰冻圈和生物圈发生了广泛而迅速的变化，气候系统许多层面的当前状态在过去几个世纪甚至几千年来均是前所未有的。

观测资料的增加、检测归因方法和技术的完善以及气候模式的发展，进一步证实了人类活动影响了气候系统这一结论。1990 年发布的 IPCC 第一次评估报告（IPCC FAR ）指出，观测到的增温可能主要归因于自然变率，但是已经感觉到人类活动的影响；1995 年 IPCC 第二次评估报告（IPCC SAR ）认识到，有明显证据可检测出人类活动对气候的影响；2001 年 IPCC 第三次评估报告（IPCC TAR ）认为，新的、更有力的证据表明，过去 50 年观测到的全球大部分增暖可能（66% 以上可能性）归因于人类活动；2007 年 IPCC 第四次评估报告（IPCC AR4 ）指出，人类活动很可能（90% 以上可能性）是气候变暖的主要原因；2013 年 IPCC AR5 指出，20 世纪中叶以来观测到的全球气候变暖一半以上是由人类活动造成的，这一结论的信度达 95% 以上；2018 年

① 1ppm=10^{-6}。

IPCC 发布的《IPCC 全球 1.5℃ 温升特别报告》指出，自工业化以来，人类活动导致全球升温约 1.0℃，人类活动是观测到的增温的主要原因得到进一步确认。2021 年发布的 IPCC AR6 第一工作组报告指出，从 1850~1900 年到 2010~2019 年，人类活动造成全球升温 1.07℃，与观测的 1.06℃ 升温一致。人类活动引起了大气、海洋和陆地变暖毋庸置疑。

1.1.3 气候变化对自然系统与人类系统的影响与风险

IPCC AR5 指出，气候变化深刻地影响着自然系统和人文系统，已在海洋、水资源与水循环、冰冻圈、海平面上升、极端事件、生态系统、粮食生产、人类健康、工程设施、区域经济和社会文化等诸多领域检测到了气候变化的影响。未来气候变暖可能导致更为广泛的影响和风险。如果全球升温幅度比工业化前高 1~2℃，全球面临的风险尚可控；如果升温达到或超过 4℃，将会对地球自然生态系统和人类社会造成更严重的后果，且很难恢复。

2018~2019 年 IPCC 先后发布了《IPCC 全球 1.5℃ 温升特别报告》、《气候变化中的海洋和冰冻圈特别报告》和《气候变化与土地特别报告》三份特别报告。《IPCC 全球 1.5℃ 温升特别报告》指出，升温 1.5℃ 将对陆地和海洋生态系统、人类健康、食品和水安全、经济社会发展等带来诸多风险和影响，升温 2℃ 对自然和人文系统的负面影响更甚（图 1-2）。《气候变化中的海洋和冰冻圈特别报告》预估了海洋和冰冻圈的未来变化及其风险，指出未来变暖背景下北极冰冻圈退缩将加剧，高山和北极地区的基础设施、文化、旅游和娱乐资源等面临的风险将增加。海洋将持续变暖、加剧酸化，海洋生态系统净初级生产力将下降，影响海洋生物多样性并危及海洋生态系统的服务功能和人类社会。海平面上升、海洋热浪和海洋酸化将加剧沿海低地社区的风险。《气候

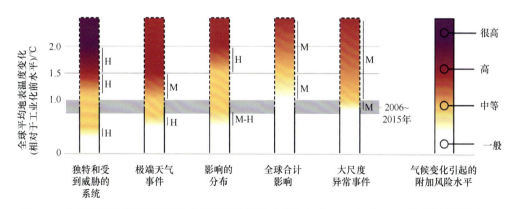

图 1-2 未来不同温升条件下气候变化引发的风险（改绘自《IPCC 全球 1.5℃ 温升特别报告》）

M 代表中等信度；H 代表高信度；M-H 代表中等 - 高信度

变化与土地特别报告》强调，未来气候变化对土地的负面影响不断增加，一些部门和区域可能面临更高的或前所未有的风险。

IPCC AR6 第一工作组报告指出，在其考虑的所有排放情景下，全球地表温度至少在 21 世纪中叶前将继续变暖。如果不实施强有力的温室气体减排措施，未来 20 年全球温升将达到或超过 1.5℃。未来全球气候变暖将造成气候系统的许多变化，特别是海洋、冰盖和全球海平面发生的变化在世纪到千年尺度上是不可逆的。未来全球许多区域出现极端事件并发的概率将增加。高温热浪、干旱并发，以风暴潮、海洋巨浪和潮汐洪水为主要特征的极端海平面事件叠加强降水造成的复合型洪涝事件加剧。到 2100 年，一半以上的沿海地区当前所遭遇的百年一遇的极端海平面事件将会每年都发生，叠加极端降水，将使洪水更为频繁。在温升较高时，不排除发生类似南极冰盖崩塌、森林枯死等气候系统临界要素的引爆，这些小概率高影响事件一旦发生将对地球生存环境带来重大灾难。

1.2 中国气候、生态环境与社会经济发展的历史演化

从中国自然禀赋和历史人 – 地关系看，当代中国背负着前所未有的压力，可持续发展面临突出矛盾。

1.2.1 基本概况

中国幅员辽阔，地势复杂多样，季风气候特征明显。中国领土西起新疆乌恰县乌孜别里山口，东至黑龙江与乌苏里江交汇处，南起南沙群岛的曾母暗沙，北达黑龙江省漠河北端的黑龙江主航道中心线，地势西高东低，呈三大阶梯状，陆地面积约 960 万 km^2。濒临中国陆地的渤海、黄海、东海、南海和台湾以东的太平洋的一部分，面积约 470 多万平方千米，主张管辖的海域面积约 300 万 km^2。受纬度效应、高程效应和海陆分布等地理地带性规律的支配，中国气候以季风影响为主要特征，夏季东南季风和西南季风输送的太平洋、印度洋水汽，给中国大部分地区带来丰沛降水；冬季盛行偏北风，挟带北半球中、高纬度大陆的干冷空气影响大部分地区，降水偏少且时空分布不均。深居欧亚大陆腹地的西北地区距海遥远，受夏季风影响小，大陆性气候特点明显。平均海拔 4000m 以上的青藏高原约占中国陆地面积的 1/4，受地形影响，青藏高原山地气候特点突出。

中国坚持节约资源和保护环境的基本国策，绿色发展的理念深入各行各业，全国生态环境总体质量不断改善。2019 年生态环境质量优和良的县域面积占国土面积的 44.7%，森林面积为 2.2 亿 hm^2、覆盖率达 23.0%，但仍低于世界平均水平（30.1%），人均森林面积仅为世界平均水平的 1/4 左右。全国草原面积近 4 亿 hm^2，约占陆地国土面积的 41.7%，是全国面积最大的陆地生态系统和生态屏障。同时，中国是世界上生

态脆弱区面积最大的国家之一，生态脆弱区保护面临气候变化、水资源短缺、草地退化、生物多样性丧失、自然灾害频发等多重压力。

2019 年全国耕地面积为 20.23 亿亩[①]，人均耕地不及世界平均水平的一半，人均粮食占有量从中华人民共和国成立初期的不足 250kg，增长至 2019 年的 474kg。虽然随着技术进步，粮食作物单产提高较快，已成倍高于世界平均水平，但由于优质耕地面积减少和水资源的制约，继续增产的难度越来越大。

中国经济总量不断增长，是世界第二大经济体，也是世界上最大的发展中国家和人口最多的国家。2019 年中国国内生产总值（gross domestic product，GDP）达 99.1万亿元，按汇率法计算占全球的 16.3%，第二、第三产业比重分别为 39.0% 和 53.9%。2019 年中国人均 GDP 为 70892 元（约 10276 美元），但是人均 GDP 仍不足美国的1/6。2019 年中国人口达 14.0005 亿人，占全球的 18.2%，城镇常住人口占总人口的比重达 60.6%，而 65 岁以上人口占总人口的比重达 12.6%，预计到 2022 年该比重将达到14.0%，中国将正式进入老龄化社会，呈现"未富先老"的特点（中国发展研究基金会，2020）。中国人口和 GDP 分布极不均匀，主要集中在中、东部地区。中国西部地区 [12 个省（自治区、直辖市）] 土地面积占全国的 71.5%，而人口、GDP 的全国占比仅分别为 27.2%、20.7%。东、西部地区之间发展水平的不平衡制约着中国的气候变化应对和生态环境治理。

1.2.2　历史时期的气候、生态环境和社会经济发展变化

过去 2000 年，中国 10 ~ 13 世纪相对温暖、15 ~ 19 世纪寒冷，1850 年以来呈升温趋势且升温速率达过去 2000 年最大（中等信度）（图 1-3），温暖时段中国东部干湿分布多呈自南向北的华南旱—长江中下游涝—黄淮旱（中等信度）。气候的冷暖干湿变化影响着自然植被、水文、冰冻圈（冰川、冻土、积雪、河湖冰和海冰）、沙漠等地理格局的演变，也影响着农耕社会的发展[②]。

过去 2000 多年，中国长期处于农耕经济阶段，人口在波动中上升。16 世纪 80 年代以前人口在 1 亿人以下，1760 年接近 2 亿人，1840 年突破 4 亿人（图 1-3）。主要农耕区从公元初的黄河流域扩展至 16 世纪的长江流域及边疆地区，耕地面积从公元初的约 5 亿亩增至 15 世纪后期的约 10 亿亩、20 世纪后期的约 20 亿亩[③]。

农耕经济发展需要扩大耕地来获取农产品，随着人口和耕地面积的增加，森林覆盖率明显下降（图 1-3）。森林覆盖率由公元 220 年的约 41.0% 下降至 1840 年的17.0%，再降至 1949 年的 11.4%，东部平原天然湖泊总体呈逐渐萎缩趋势。人类大规模土地开垦带来森林、湖泊等被破坏，引起水土流失、荒漠化等生态环境问题，加上降水的年际、季节变化大，旱涝灾害时有发生（Zhang S and Zhang D D，2019），两宋

---

① 1 亩≈666.7m²。
② 参考第一卷 2.4 节。
③ 参考第一卷 2.4.1 节。

以后东南地区灾害频繁（Hao et al.，2020）①。

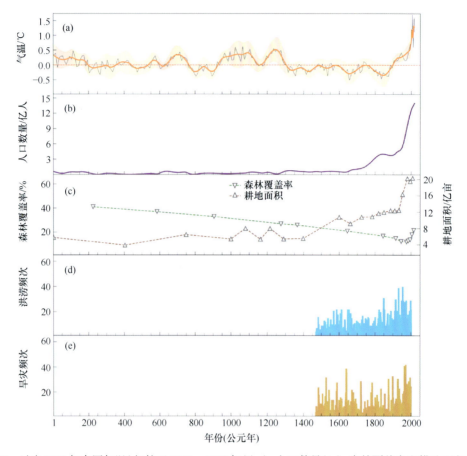

图1-3　过去2000年中国气温（相较于1851～1950年）(a)、人口数量(b)、森林覆盖率和耕地面积(c)、
洪涝频次（d）和旱灾频次（e）的变化

（d）和（e）的资料始于1470年，灰色阴影区表示气候相对温暖时段。其中，气温数据来源于第一卷2.3.1节；人口数量数据来源于Li等（2015）；森林覆盖率数据来源于樊宝敏和董源（2001）；耕地面积数据来源于方修琦等（2021）；洪涝和旱灾频次以中国主要城市受灾个数表示，该数据来源于《中国近五百年旱涝分布图集》（张德二等，2003）并进行了更新。同时，根据《中国统计年鉴》对人口数量、森林覆盖率和耕地面积数据进行了更新

1.2.3　现代气候、生态环境变化

在全球变暖背景下，中国气候变暖趋势明显，季风环流加强，东部雨带北移，东部季风区年平均降水强度显著增强，极端天气气候事件呈增加趋势，并存在明显的区域差异。近百年来中国地表气温明显上升，1900年以来中国陆地升温范围为1.3～1.7℃。1961～2018年中国西北大部，尤其是新疆降水明显增加，但干旱、半干旱的基本气候特征没有改变。1961年以来中国极端高温事件发生频次呈增加趋势，尤其是

① 参考第一卷2.4.2节。

进入 21 世纪以来显著增加。1961～2018 年中国大部分地区最大日降水量呈现增加趋势，全国年累计暴雨（日降水量 ≥ 50mm）站日数呈现上升趋势，中国南方、青藏高原和西北部分地区以增加趋势为主，而华北和四川中部略有减少。在气候变暖背景下，中国沿海海平面变化总体呈波动上升趋势，1980～2018 年中国沿海海平面上升速率为 33mm/10a，高于同期全球平均水平。登陆中国的台风数量无明显变化趋势，但自 20 世纪 90 年代后期以来强度偏大。1980～2015 年中国冰川呈明显退缩趋势，多年冻土范围明显减少，中国冰湖数目和面积呈显著增多和扩展趋势[①]。

针对中国自然生态系统脆弱、生态破坏严重、生态差距巨大和生态灾害频繁等问题，自国务院 1998 年印发《全国生态环境建设规划》以来，中国实施了若干项重大生态环境建设工程，启动了包括植被营建与保护、水土保持和荒漠化防治等内容的 16 项重大生态环境建设工程（图 1-4），在提高环境质量、惠及民生和可持续发展方面取得了显著效果，生态环境质量总体改善，但面临的形势依然严峻。16 项工程覆盖 620 万 km^2 的国土面积，1978～2015 年累计投资 23574 亿元（2015 年价格水平），调动了 5 亿多劳动力，改善生态环境的效果显著，全国森林覆盖率由 1998 年的 13.9% 上升至 2019 年的 23.0%，根据《全国重要生态系统保护和修复重大工程总体规划（2021—2035 年）》，到 2035 年全国森林覆盖率将提高到 26.0%。巨额生态保护工程投资也为实现联合国 17 个 SDGs，特别是为保护、恢复和促进可持续利用陆地生态系统，可持续管理森林，防治荒漠化，制止和扭转土地退化，遏制生物多样性的丧失，以及应对气

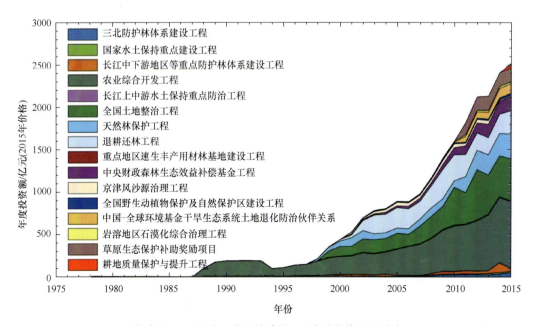

图 1-4　1978～2015 年中国 16 项重大生态环境建设工程年度投资（改绘自 Bryan et al.，2018）

---

① 参考第一卷 3.2、3.3、5.4、6.1、10.2、10.3、10.5 节。

候变化、减少贫困和饥饿等目标做出了贡献（Bryan et al., 2018）。自 2013 年《大气污染防治行动计划》（简称"大气十条"）措施实施以来，中国区域空气质量得到改善，2013 年以来霾日数呈现下降趋势[①]，全国 337 个地级及以上城市中，城市环境空气质量达标率由 2015 年的 21.6% 上升至 2019 年的 46.6%，但目前秋冬季大气污染仍然较重。

中国仍面临水体和土壤污染、城市扩张、生物多样性减退等生态环境问题。据《2019 中国生态环境状况公报》可知，虽然水体环境和土壤环境在持续改善，但问题仍较突出。全国地下水Ⅳ类、Ⅴ类水质断面分别占 66.9%、18.8%；太湖、巢湖和滇池等内陆湖泊总磷超标，呈现轻度污染；渤海、黄海、东海和南海四大海区近岸海水富营养化较为突出；重金属是影响全国农用地土壤环境质量的主要污染物，其中镉为首要污染物；全国一至三等耕地面积仅占耕地总面积的 31.2%。中国生态环境治理仍面临重点区域高能耗行业增长、以重化工为主的产业结构、以煤为主的能源结构、土壤和地下水污染修复困难等挑战。

1.2.4 现代社会经济发展变化

由于人口年龄结构的持续变化，中国（不包含港澳台）劳动力人口与老年人口的比例关系正在发生变化，中国将面临劳动力资源减少、社会负担加重等社会问题。1949~2019 年中国（不包含港澳台）人口增加近 1.6 倍，人口多年平均自然增长率为 13.7‰[图 1-5（a）和图 1-5（b）]。20 世纪 60 年代后期中国开始提倡计划生育，20 世纪 70 年代人口自然增长率开始下降，即使 2011 年实施"双独二孩政策"，2011~2019 年年平均人口自然增长率也仅为 4.8‰。劳动年龄人口（15~64 岁）比重从 1982 年的 61.5% 提升到 2010 年的 74.5%，2011 年开始下降，2019 年为 70.7%。与此同时，65 岁以上人口不断增多，2019 年达 1.76 亿人，老年抚养比呈上升趋势。2020 年《第七次全国人口普查公报》显示，2020 年劳动年龄人口占比下降至 68.6%，65 岁及以上人口占比上升至 13.5%，中国将面临一个更快速的人口老龄化期。

从 1978 年开始，中国从计划经济逐步向社会主义市场经济转变，中国经济进入持续快速增长阶段，经济结构发生显著变化[图 1-5（c）和图 1-5（d）]。1978~2019 年，GDP 增长率多年平均值达 9.4%。从产业结构看，第一产业 GDP 占比下降趋势和第三产业 GDP 上升趋势形成鲜明对比。根据世界银行统计数据显示，2019 年中国制造业增加值全球占比为 28.3%，表明中国是世界最大的制造业国家。同时，从 2012 年开始，第三产业 GDP 占比超过第二产业，服务业成为拉动经济增长的重要力量。改革开放以来，中国经济增长的外贸依存度和外资依赖度呈现先增加后减小的趋势[图 1-5（e）和图 1-5（f）]，其中 2018 年出口和进口合计占 GDP 的比重为 35.7%，中国对国际贸易市场的依赖度与 2006 年相比明显下降。2035 年中国人均 GDP 预计达到中等发达国家水平，经济总量将迈上新的台阶。

———————

① 参考第一卷 9.3.1 节。

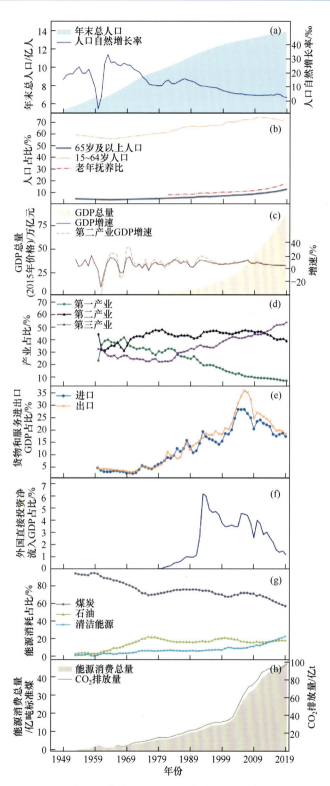

图 1-5 中国现代（1949～2019 年）社会经济发展变化

资料来源：《中国统计年鉴 2020》

随着经济增长，能源消费需求持续增加，温室气体排放大增，减排压力巨大 [图 1-5（g）和图 1-5（h）]。2005 年中国超过美国成为世界上年碳排放量最大的国家，2019 年中国 CO_2 排放占全球 27.9%。2019 年能源消费总量、CO_2 排放量分别是 1978 年的 8.5 倍、6.9 倍，特别是 21 世纪初以来能源消耗和 CO_2 排放增长迅速。从能源消耗结构来看，2012 年以后煤炭消耗占比低于 70%，2019 年下降至 57.7%，中国清洁能源（包括非化石能源和天然气）占一次能源消费总量的比重呈上升趋势，2019 年达 23.4%，其中非化石能源占一次能源消费总量的比重上升至 15.3%。2019 年，中国单位 GDP 的 CO_2 排放强度较 2005 年降低约 48.1%，但是与世界主要发达经济区相比，我国大气气溶胶的排放和浓度仍处于较高水平[①]。中国即使 2030 年完成碳达峰，之后仍有相当大的碳中和压力，仍面临产业结构调整的机遇和减排压力带来的巨大挑战。

1.3 未来变化和转型发展

未来气候与环境变化将对中国国家安全多个领域构成重大威胁，必须向低碳、绿色发展转型，提升生态文明水平，引领人类命运共同体建设。

1.3.1 未来气候及生态环境变化与风险

未来气候增暖趋势明显，极端气候事件频发，灾害损失风险增大。随着全球气候变化，相对于 1986 ~ 2005 年，未来中国各地区年均气温和降水量可能都表现为增加趋势，且具有一定区域性特征（中等信度）。未来极端暖事件发生频次将继续增加，极端冷事件发生频次将继续减少；高温热浪逐渐增加；极端降水在强度、频率和持续时间上均发生改变，暴雨诱发极端洪水和地质灾害的频率和强度也可能增加；干旱缺水将呈频率增加、受旱范围扩大、影响领域扩展、灾害损失加重等变化趋势。气象条件的改变可能导致未来大气污染物扩散状态发生改变[②]。

气候变化带来的灾害损失风险巨大，相较于 2℃温升水平，如果将全球温升控制在 1.5℃以内，中国因热带气旋和干旱灾害造成的直接经济损失可能减少数千亿元（Su et al.，2018；Wen，2018），因高温死亡的人口每年可能减少数万人（中等信度）（Wang et al.，2019）。

未来气候变化对中国水资源安全、冰冻圈、生态安全、粮食安全、基础设施安全以及人群健康安全等构成重大威胁，并导致生态环境风险增加。

随着工业化、城镇化深入发展，丝绸之路经济带和生态文明建设等项目的建设与发展，人口增长和气候变化，中国未来水资源供需矛盾将更加尖锐（中等信度）。预计

---

① 参考第一卷 9.2.2、9.2.3 节。
② 参考第一卷 13.4.1~13.4.3 节；第二卷 2.4.2、8.5.1 节。

到 21 世纪 30 年代，水资源中脆弱及以上的区域面积明显扩大，水危机问题突出，水资源安全风险陡增（高信度）[①]。

　　未来夏季持续升温可能引起中国冰川消融加剧（高信度），冰冻圈的水源和"调丰补枯"作用也随之减弱，甚至消失，西北干旱区可能出现区域性的长期水危机（中等信度）。冰冻圈灾害发生频率进一步增加（高信度）。海平面上升，沿海城市洪涝灾害强度增加，洪灾风险和防汛调度指挥难度加大，若不采取有效适应措施，到 2100 年，其潜在损害可能达到全球 GDP 的 10%（中等信度），而我国沿海低地人群的潜在威胁及可能造成的经济损失将愈加严重，这将进一步加剧地区间经济发展的不平衡[②]。

　　未来气候变化将导致荒漠化、水土流失、石漠化及冻土退化等生态系统退化趋势加快（高信度），生态系统的功能与服务呈不平衡的区域性特征（IPBES，2019），生态灾害事件增多，物种多样性、种质资源和生态系统脆弱性增加，甚至出现某些物种灭绝的风险（中等信度）。而在国家大力推进生态文明建设，退耕还林还草、生态保护红线划定等宏观政策，以及国家主体功能区规划建设的背景下，区域尺度的城市建设用地扩张速率会进一步放缓，中国林地、草地等自然植被减少趋势将得到有效控制（中等信度）[③]。

　　未来气候变化对农业的影响较为复杂。气候变暖使作物种植期延长和大多数低温灾害减轻，尤其在高纬度、高海拔地区有利因素较多；但过高的温度对作物生长发育产生不利影响，对低纬度地区尤其不利。降水增多加大了湿润地区洪涝灾害风险，对干旱缺水地区总体有利，但变暖也增大了生态系统与人类系统的耗水量，日益挤占农业用水，降水减少地区的干旱缺水情况将更为严峻。加上农业气象灾害事件和病虫害增多，原产地农产品品质下降，农业生产系统的脆弱性增加（中等信度），从而对粮食安全构成严重威胁（中等信度）[④]。

　　未来气候变化与非气候因素将产生更强、更复杂的叠加和协同效应，导致重大水利、交通、电力、输油气管道等基础设施工程建设与运行的风险加大，尤其是在冻土不稳定地区（中等信度）[⑤]。

　　气候变化通过影响城市下垫面性质、生命线系统、住宅建筑小气候和宜居性、城乡社区周边植被与水体等人居环境构成因素来影响人群健康（高信度）。未来与高温相关的健康风险将显著升高，登革热、感染性腹泻等传染病控制难度将增大（高信度），而快速城市化和人口老龄化将进一步加剧该风险（高信度）。未来生活方式和消费结构的改变，将使资源需求量进一步增加，可能出现新型行业潜在碳排放和新的污染物排放，其在给人群健康安全带来新风险的同时也给气候和环境带来更大的压力和挑战[⑥]。

---

① 参考第二卷 2.6.1、2.6.3 节。
② 参考第二卷 2.2.2、2.4.1、3.2.2、3.4.3 节。
③ 参考第二卷 4.2.2、4.5.3 节。
④ 参考第二卷 4.2.1、6.3.2 节。
⑤ 参考第二卷第 10 章。
⑥ 参考第二卷 8.5.2、9.2.4 节。

1.3.2 应对气候变化和环境保护行动

随着国际社会不断深化对气候变化的科学认识，采取积极措施应对气候变化已成为世界各国的共同意愿和紧迫行动。2015 年 12 月 12 日巴黎气候变化大会达成的《巴黎协定》明确了把全球平均温升控制在工业化前水平 2℃之内，并努力将全球平均温升控制在工业化前水平 1.5℃以内，国际气候治理进入了新阶段（图 1-6）。未来温升幅度由历史累积和未来排放的温室气体共同决定，尽快实现净零碳排放将可能实现温升控制目标。IPCC AR6 第一工作组报告指出，要将人为引起的全球温升控制在特定水平，需要限制累积 CO_2 排放量，至少达到 CO_2 的净零排放。在低排放情景中，实现 2℃温升目标需要在 2070 年左右实现净零排放；而实现 1.5℃温升目标则需要在 2050 年左右实现净零排放，并在之后采取强有力的负排放措施。与此同时，其他温室气体排放也需要大幅减少，而快速持续减少甲烷（CH_4）等温室气体也将有利于改善空气质量。

中国在推动和引导建立公平合理、合作共赢的全球气候治理体系中做出了贡献，已在产业结构调整、能源结构优化、节能提高能效、推进碳市场建设、增加森林碳汇等一系列措施中取得显著成效。2019 年碳排放强度比 2005 年下降 48.1%，超过了 2020 年碳排放强度比 2005 年下降 40% ~ 45% 的目标，扭转了 CO_2 排放快速增长的局面。尽管目前经济增长速度较快，但中国仍然处于工业化和城镇化进程中，人均 GDP 和社会发展水平离发达国家还有较大距离，依旧面临着发展经济、改善民生、消除贫困、治理污染等一系列艰巨任务。党的十九大报告明确提出，从 2020 年到 2035 年，基本实现社会主义现代化，生态环境根本好转，美丽中国目标基本实现。中国强调应对气候变化是可持续发展的内在要求，是推动构建人类命运共同体的责任担当。中国坚定不移地实施积极应对气候变化的国家战略，深度参与和引领全球气候治理，支持各类低碳技术的研发和推广，加强应对气候变化各项能力建设，有效控制温室气体排放，在倡导绿色低碳生活方式、推动经济转型、促进生态文明建设、协同环境污染治理方面，以及为实现美丽中国宏伟目标和全球应对气候变化做出了新的贡献。

中国出台了"大气十条"等法律法规，大力开展环境保护行动，目前已在减缓和适应气候变化方面取得积极进展[①]。中国还将中长期环境治理战略与应对气候变化战略步调保持一致，2030 年前以环境治理为抓手带动温室气体减排目标的实现，降低环境污染程度，减轻环境治理压力；2030 年后以气候治理带动国内环境质量进一步改善，充分发挥应对气候变化和环境污染治理的协调作用。中国开展的低碳城市、新能源城市、气候变化适应型城市、海绵城市等试点建设，为温室气体减排与城市建设协同治理提供了技术保障和政策路径[②]。

---

① 生态环境部 . 2019. 中国应对气候变化的政策与行动 2019 年度报告 .
② 参考第三卷 1.2.3 节。

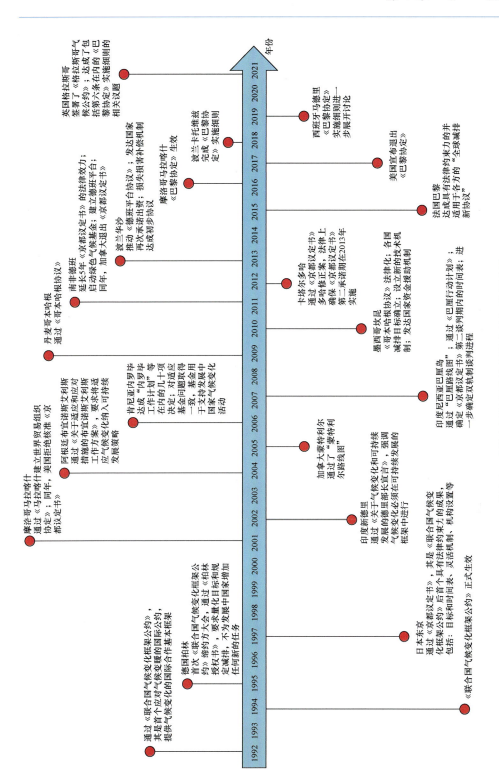

图1-6 《联合国气候变化框架公约》发展进程

本图参考了翁智雄和马忠玉（2017），在收集原图的基础上进行了扩充和完善

1.3.3 向可持续发展转型

可持续发展要求经济、社会和环境三个层面具有协同增效作用，为实现社会、经济高质量发展与生态环境质量高水平保护提供一条绿色发展道路。2020年9月22日，国家主席习近平在第七十五届联合国大会一般性辩论上郑重宣布，中国将提高国家自主贡献力度，采取更加有力的政策和措施，二氧化碳排放力争于2030年前达到峰值，努力争取2060年前实现碳中和。相比欧美国家，我国从CO_2排放达峰到碳中和只有30年时间，实现碳中和的时间短、起点高，向可持续发展转型是实现碳中和的必然选择。

碳达峰和碳中和将对我国应对气候变化产生积极的影响，是推动可持续发展的"助力器"。实现碳中和需要社会经济系统、能源系统和技术系统等领域做出明显转型，需要通过转变经济增长方式和社会消费模式、调整产业结构、推动技术创新、节能提效减排和优化能源结构，在保持经济持续发展的同时确保CO_2的排放量不再增加。同时，在农业、林业、土地利用、草原、湿地等方面实施"基于自然的解决方案"提升生态系统的服务功能。最终在综合性社会－生态系统恢复力增强的基础上，提升全社会应对气候变化的能力，实现向可持续发展的顺利转型。

> **知识窗**
>
> ### 碳　中　和[①]
>
> "碳中和"是指通过平衡二氧化碳人为排放量与人为去除量，或完全消除二氧化碳人为排放，实现净二氧化碳零排放。碳中和目标可以设定在全球、国家、区域、城市、行业、企业、活动等不同层面。
>
> "温室气体中和"是指通过人为努力，实现所有人为排放的温室气体的气候效应为零。
>
> "气候中和"是指通过人为努力，实现所有人类活动（人为温室气体排放、土地利用变化等）对气候系统影响为零。

1.4　中国气候与环境生态评估报告的贡献

自2002年《中国西部环境演变评估》发布以来，2005年和2012年又相继出版了《中国气候与环境演变》和《中国气候与环境演变：2012》，形成了中国独特的系列性的气候变化与生态环境演变科学评估报告。系列报告始终从气候系统角度出发，以评

---

① 引自IPCC AR6第一工作组报告。

估人类活动影响下的气候与环境变化问题为主线，参考 IPCC 报告评估方法，系统评估了中国气候、生态环境变化与人类经济社会相关信息，客观全面地反映了中国在气候与环境演变方面的最新成果。

2002 年的《中国西部环境演变评估》首次综合评估了中国西部气候、生态、环境特征及其演变与原因、未来变化、历史经验与承载力等，并就水资源合理利用、生态建设与环境治理等提出了建议，气候与环境承载力问题受到越来越多的关注。《中国气候与环境演变》在《中国西部环境演变评估》的基础上，将范围拓展到了全国，它是第一部全面评估中国气候与环境演变科学事实、预估未来变化趋势、综合分析其社会经济影响、探寻适应与减缓对策的科学报告。《中国气候与环境演变：2012》则以更多、更新的研究成果进一步确认了《中国气候与环境演变》关于近百年中国气候变化的评估结论，人类活动是 20 世纪后期以来气候变暖和环境变化的主因；提出适应和减缓技术与政策选择是中国应对气候变化行动的关键，指出了在科学基础、影响适应与减缓、战略等方面的研究重点和方向。

此次评估工作促进了中国在气候与环境变化研究方面的不断拓展与深入，推进了气候变化与生态环境、社会经济学科的交融结合，为气候系统科学、地球系统科学的发展做出了贡献，也为国家决策咨询和中长期规划、IPCC 评估报告编写，以及气候变化人才培养等方面做出了重要贡献（表 1-1）。

表 1-1　中国气候与环境演变评估系列报告与 IPCC 对应关系

系统报告	对应 IPCC 报告	IPCC 贡献
《中国西部环境演变评估》 （起始时间：2000 年）	IPCC TAR	（1）丁一汇、秦大河、翟盘茂分别担任 IPCC TAR、IPCC AR4 和 IPCC AR5、IPCC AR6 第一工作组联合主席。 （2）分别有 16 位、19 位、25 位和 23 位作者担任 IPCC TAR、IPCC AR4、IPCC AR5 和 IPCC AR6 的主要作者协调人（CLA）、主要作者（LA）和编审（RE），分别有 6 位、7 位、11 位作者担任 IPCC AR4、IPCC AR5、IPCC AR6 特别报告的 CLA、LA 和 RE
《中国气候与环境演变》 （起始时间：2002 年）	IPCC AR4	
《中国气候与环境演变：2012》 （起始时间：2008 年）	IPCC AR5	
《中国气候与生态环境演变：2021》 （起始时间：2018 年）	IPCC AR6	

得到的主要科学认知如下。

（1）《中国西部环境演变评估》：首次从多圈层系统性地提出了西部出现暖湿化趋势的观点；做出了冰冻圈持续萎缩、山地灾害和雪冰灾害范围扩展与频率增加的预估，以及若不加以控制，土地沙漠化将进一步加剧的判断。

（2）《中国气候与环境演变》：观测数据和证据确认全球变暖背景下近百年中国气候和环境变化的评估结论；确认了人类活动是 20 世纪后期以来中国气候变暖和环境变化的主因；气候变化已经对中国自然环境和社会经济领域产生显著影响；适应和减缓技术与政策选择是中国应对气候变化行动的关键。

（3）《中国气候与环境演变：2012》：进一步评估了全球变暖背景下近百年中国气候和环境变化，进一步确认了人类活动是主因的结论，并采用第五次国际耦合模式比较计划（CMIP5）对未来气候可能变化做了预估；围绕水、陆地生态、陆地环境、农业、人居与健康及其他经济社会领域6个方面，对气候变化产生的影响、表现形式、影响程度做了综合评估，指出走以低碳为重要特征的绿色工业化和新型城市化道路是可持续发展的必然选择。

对国家决策咨询和中长期规划的贡献如下。

（1）《中国西部环境演变评估》：就水资源合理利用、生态建设与环境治理等提出了建议，对实施西部大开发、科学利用和配置西部资源、保护区域环境等提供了科学基础；相关咨询报告提交国务院。

（2）《中国气候与环境演变》：针对中国七大行政区各自面临的气候与环境问题特点，提出针对性的对策和建议；为中国制定应对气候变化政策，坚持可持续发展的自主道路提供了科学支撑；相关咨询报告提交国务院。

（3）《中国气候与环境演变：2012》：给出了适应和减缓气候与环境变化的对策建议，为《中国应对气候变化国家方案》《国家适应气候变化战略》《国家应对气候变化规划（2014—2020年）》《全国生态功能区划》《中国落实2030年可持续发展议程国别方案》，以及生态文明建设等提供了科学支撑；相关咨询报告提交国务院。

1.5　本次评估概况

新一轮《中国气候与生态环境演变：2021》评估报告，正处在IPCC AR6编写过程中。该报告综合了近10年来发表的气候和生态环境变化的最新研究成果，总结了《中国气候与环境演变：2012》发布以来中国区域的气候变化及其影响的新进展、新共识，特别增强了有关生态环境变化的内容，并增加了《中国气候与生态环境演变：2021（综合卷）》（英文版），旨在为中国应对气候和生态环境变化的战略决策提供科学依据。

评估报告由中国科学院和中国气象局于2018年联合资助立项。通过借鉴IPCC工作程序和《中国气候与环境演变》（2005年）、《中国气候与环境演变：2012》（2012年）等惯常工作的经验，在广泛收集最新科研成果的基础上，组织全国专家进行编写，并经内部互审、专家评审、政府部门评审多次讨论修改后，形成了该报告。该报告共分四卷六册，分别为《中国气候与生态环境演变：2021（第一卷　科学基础）》《中国气候与生态环境演变：2021（第二卷上　领域和行业影响、脆弱性与适应）》《中国气候与生态环境演变：2021（第二卷下　区域影响、脆弱性与适应）》《中国气候与生态环境演变：2021（第三卷　减缓）》《中国气候与生态环境演变：2021（综合卷）》（中、英文版）。

参与报告编写的专家近200人，他们来自中国科学院、中国气象局、教育部、国家发展和改革委员会、水利部、自然资源部、农业农村部和中国社会科学院等多部门和高校。本书邀请了上百位一线专家审阅全书，送 16 个部门进行评审，共收到评审意见 1000 余条，并均一一做了修改或答复。

■ 参考文献

樊宝敏，董源 . 2001. 中国历代森林覆盖率的探讨 . 北京林业大学学报，23（4）：60-65.

方修琦，何凡能，吴致蕾，等 . 2021. 过去 2000 年中国农耕区拓展与垦殖率变化基本特征 . 地理学报，76（7）：1732-1746.

翁智雄，马忠玉 . 2017. 全球气候治理的国际合作进程、挑战与中国行动 . 环境保护，45（15）：61-67.

张德二，李小泉，梁有叶 . 2003. 《中国近五百年旱涝分布图集》的再续补（1993～2000 年）. 应用气象学报，14（3）：379-388.

中国发展研究基金会 . 2020. 中国发展报告 2020：中国人口老龄化的发展趋势和政策 . 北京：中国发展出版社 .

Bryan B A，Gao L，Ye Y Q，et al. 2018. China's response to a national land-system sustainability emergency. Nature，559：193-204.

Hao Z，Wu M，Zheng J，et al. 2020. Patterns in data of extreme droughts/floods and harvest grades derived from historical documents in eastern China during 801–1910. Climate of the Past，16：101-116.

IPBES. 2019. Global Assessment Report on Biodiversity and Ecosystem Services of the Intergovernmental Science-Policy Platform on Biodiversity and Ecosystem Services. Bonn：IPBES Secretariat.

Li X，Jiang G，Tian H，et al. 2015. Human impact and climate cooling caused range contraction of large mammals in China over the past two millennia. Ecography，38：74-82.

Otavio C. 2018. From political to climate crisis. Nature Climate Change，8（8）：663-664.

Rockström J，Steffen W，Noone K，et al. 2009. Planetary boundaries：exploring the safe operating space for humanity. Ecology and Society，14（2）：32.

Steffen W，Richardson K，Rockström J，et al. 2015. Planetary boundaries：guiding human development on the changing planet. Science，347（6223）：1259855.

Steffen W，Rockström J，Richardson K，et al. 2018. Trajectories of the earth system in the Anthropocene. Proceedings of the National Academy of Sciences of the United States of America，115（33）：8252-8259.

Su B D，Huang J L，Fischer T，et al. 2018. Drought losses in China might double between the 1.5℃ and 2.0℃ warming. Proceedings of the National Academy of Sciences of the United States of America，115（42）：10600-10605.

United Nations（UN）. 2019. In the Face of Worsening Climate Crisis，UN Summit to Deliver New Pathways and Practical Actions to Shift Global Response into Higher Gear. https://www.un.org/en/climatechange/assets/pdf/CAS_main_release.pdf. [2020-03-24].

United Nations Environment Programme（UNEP）. 2019. Synergizing Action on the Environment and Climate：Good Practice in China and Around the Globe. New York：UNEP.

Wang Y J，Wang A Q，Zhai J Q，et al. 2019. Tens of thousands additional deaths annually in cities of China between 1.5℃ and 2.0℃ warming. Nature Communications，10（1）：3376.

Wen S S. 2018. Estimation of economic losses from tropical cyclones in China at 1.5℃ and 2.0℃ warming using the regional climate model COSMO-CLM. International Journal of Climatology，39（4）：1-14.

Zhang S，Zhang D D. 2019. Population-influenced spatiotemporal pattern of natural disaster and social crisis in China，AD1–1910. Science China Earth Sciences，62：1138-1150.

第2章 观测到的气候变化与生态环境演变及其成因

▪ 执行摘要

19世纪后期以来，全球平均地表温度升高已达1.1℃。全球冰冻圈整体表现出萎缩的态势（高信度）。1900年以来中国近地面气温以每百年1.3~1.7℃的趋势明显上升（高信度），1961年以来中国降水变化区域差异明显，东部季风区降水日数明显减少，降水强度显著增强（高信度）。中国西部地区径流主要呈现增加趋势，北部地区径流减少明显（高信度），中国七大江河径流以减少为主。中国森林面积增加，湿地面积减小，陆地植被覆盖总体呈增加趋势（高信度）。

中国区域高温热浪日数显著增加，极端低温事件减少，极端强降水和干旱发生频次增多（高信度）；登陆台风比例显著增加，雷暴和冰雹等强对流天气明显减少（中等信度）；沙尘天气过程总体减少，2000~2020年霾天气过程先增后减（高信度）；冰湖、冰崩事件明显增多，多年冻土退化显著；高温干旱、滑坡泥石流等复合极端事件可能增加。

观测到的大气中主要温室气体的浓度不断增加。截至2019年，中国青藏高原青海瓦里关全球大气本底站观测到的大气CO_2、CH_4和N_2O的浓度分别达到411.4±0.2ppm、1931±0.3ppb（1ppb=10^{-9}）和332.6±0.1ppb。人类活动引起的温室气体排放是气温快速变暖和极端暖事件更为频繁、强度更强的主要原因（高信度）。大尺度气候因子对区域气候变化具有调控作用（高信度）。

气候变化对中国的交通运输业、制造业、农业、旅游业、能源业、水利工程、冻土区工程、生态工程和人群健康具有重要影响（高信度）。东北、西北、西南和华中地区的农业，华东和华南地区的人群健康受气候变化的影响程度、对气候变化的敏感程度最高（高信度）。

2.1 观测事实

工业革命以来，中国平均地表温度显著升高，大气圈、水圈、冰冻圈、生态系统等都呈现出明显但具有区域差异性的变化。自《中国气候与环境演变：2012》发布以来，观测数据和研究证据日益丰富，进一步证实了在全球变暖背景下近百年中国气候和环境变化的评估核心结论，更加确认了人类活动是 20 世纪中期以来中国气候变暖和环境变化的主要原因 [①]。

2.1.1 大气圈

与 1850～1900 年相比，2011～2020 年全球平均地表温度增加了 1.09℃，其中陆地表面升温（1.59℃）远大于海洋（0.88℃）（图 2-1）。近百年来中国地面气温明显上升，1900 年以来中国陆地百年气温升高范围为 1.3～1.7℃，升温趋势与同期全球陆面气温变化幅度相当（高信度）。1961～2020 年，中国平均地面气温均呈上升趋势，且区域间差异明显，西部地区增温速率高于东部地区，北方地区高于南方地区（图 2-2）。其中，青藏地区增温速率最大，平均每 10 年升高 0.36℃；华北、东北和西北地区次之，增温速率依次为 0.33℃/10a、0.31℃/10a 和 0.30℃/10a；华东地区平均每 10 年升高 0.25℃；华中、华南和西南地区升温幅度相对较缓，增温速率依次为 0.20℃/10a、0.18℃/10a 和 0.17℃/10a。针对 1998～2012 年出现的所谓全球增暖"停滞"现象，最新的研究认为，

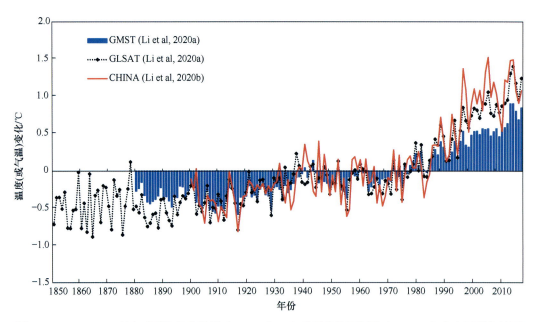

图 2-1　1850～2019 年全球平均地表温度（GMST）、全球平均陆面气温（GLSAT）和中国平均地面气温（CHINA）变化（Li et al.，2020a，2020b）

---

① 参考第一卷 1.2.4 节。

以往的全球地表温度观测数据集的分析结果低估了这一时期的变暖趋势。对于中国区域，1998 年以来的气温变化趋势放缓，夏季最高气温上升较快，而冬季最低气温升高趋势则有所放缓。1961 年以来观测到的中国高空对流层气温也呈显著上升趋势，但平流层低层气温出现下降趋势（高信度）[①]。

IPCC AR6 指出，1950 年以来全球陆地平均降水趋于增加（中等信度）。在中国，1961 年以来中国东部季风区降雨日数明显减少，平均降水强度显著增强（高信度）（图 2-2）。中国降水量的变化具有明显的季节性和地域性差异，降水增加的区域主要位于包括新疆在内的西北大部、青藏高原、长江中下游及其以南地区；大约在胡焕庸线（即黑河—腾冲一线）附近区域，以及东北南部、华北到西南地区降水减少[②]。

20 世纪 70 年代以来，中国大部分地区的大气水汽含量呈显著增加趋势（高信度）。中国平均总云量总体呈现减少趋势，总云量的减少主要是高云的减少导致的[③]。

1961 年以来，中国地面太阳总辐射整体呈下降趋势，但经历了"先变暗后趋于稳定（或变亮）"的阶段性变化过程（低信度）。中国平均年日照时数呈显著减少趋势，但存在明显的区域差异（高信度）[④]。

2.1.2　水圈

中国区域水循环呈现明显变化，西部径流量多呈现增加趋势，北部径流量减少明显（高信度），中国七大江河实测径流量以减少为主。1956 ~ 2018 年，除长江流域外，中国七大江河其余的六条主要江河实测径流量均呈现出不同程度的下降趋势；黄河上游以及黄河以南地区河流的年径流量均为非显著性变化，黄河中下游及其以北河流的实测年径流量均呈现显著性减少趋势（图 2-3）。2001 ~ 2018 年北方江河实测径流量减少幅度均超过 25%，其中海河流域减少幅度最大，其次为辽河和黄河，黄河花园口站和辽河铁岭站分别减少 41% 和 42%。南方珠江流域减少约 7%，长江和淮河径流量与基准期（1956 ~ 1979 年）基本相当，无显著性变化。20 世纪 80 年代以来，我国天山、祁连山、阿尔泰山、昆仑山和三江源等地区径流量以及西北多数出山口径流量呈增加趋势（高信度）。径流量减少的原因除气候变化影响外，还受到水利工程建设以及人为超量用水等因素的影响，尤其在北方地区，这种人类活动对径流量减少的影响尤为突出。全国地下水资源量总体稳定，但区域变化差异明显，海河区、辽河区、黄河区呈明显衰减态势；地下水补排结构发生重大变化，由自然补给演变为自然与人工补给并存的模式，由天然排泄逐渐演变为以人工排泄为主。降水变化、下垫面条件改变、人类活动导致地下水资源发生变化（陈飞等，2020）[⑤]。

---

① 参考第一卷 3.2.1、3.2.3 节。
② 参考第一卷 3.3.3 节。
③ 参考第一卷 3.4.1、3.4.2、4.2 节。
④ 参考第一卷 3.5.1、3.5.2 节。
⑤ 参考第一卷 4.4.1、4.4.2 节；第二卷 2.2.1 节。

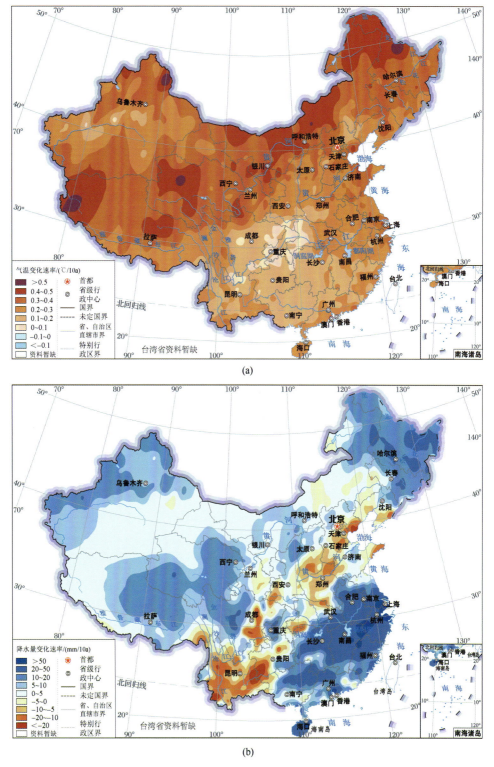

(a)

(b)

图 2-2　1961～2020 年中国平均地面气温（a）和降水量（b）变化趋势分布
（中国气象局气候变化中心，2021）

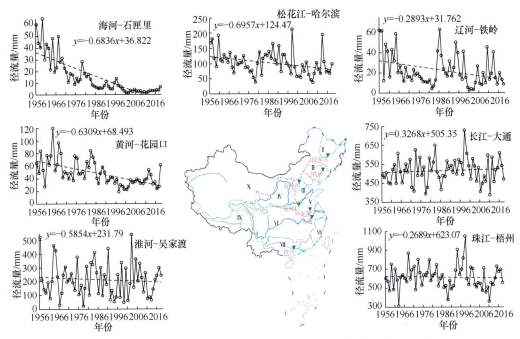

图 2-3　中国七大江河重要水文站实测径流量变化（张建云等，2020）

图中 Ⅰ ～ Ⅹ代表中国的十大水区

中国东部湖泊水储量减少，青藏高原地区多数湖泊的水储量显著增加（中等信度）。中国现有 1km² 以上的天然湖泊（不含水库）2693 个，总面积约 81415km²，约占全国陆地总面积的 0.85%。20 世纪 60 年代至 2015 年，中国 1km² 以上的湖泊总面积约增加了 5858km²，但是呈现出较强的空间异质性：西部干旱地区新增湖泊 141 个；在青藏高原和新疆湖泊面积显著上升，分别约增加了 5677km² 和 1417km²。在内蒙古地区，湖泊面积约减少了 1224km²；东部湿润地区湖泊消失 333 个，东部地区大部分湖泊的水储量显著减少（中等信度）[①]。

土壤湿度受降水变化影响显著，季节性和空间差异性明显（高信度）。1980 ～ 2010 年中国的土壤湿度存在一个自东北、华北至西南的干旱化带，东北与华北地区的干旱化现象尤为严重，而青藏高原、南疆、华东和华南局部地区则表现为明显的湿润化特点。土壤湿度的长期变化具有季节性差异。例如，20 世纪 80 年代以来，华南地区冬季湿润化趋势显著，长江中下游部分地区和黄河流域的夏季存在明显的干旱化现象。大气降水是土壤湿度的重要补给来源，而气温升高则会增强蒸散发过程，导致土壤湿度降低；特别是在干旱地区，大气降水对土壤湿度年际变化起主要作用[②]。

全球海洋持续增暖，中国近海温度变暖幅度大于全球平均和北半球平均水平（高信度）。1950 年以来，全球海洋在持续增暖（高信度）。1958 ～ 2017 年全球海洋上层 2000m 热含量变化线性趋势非常可能为 0.34 ± 0.12 W/m²，且海洋变暖在 20 世纪 90 年

① 参考第一卷 4.5.2 节。
② 参考第一卷 4.5.1 节。

代之后显著加速（高信度）。整个中国海呈现变暖趋势，并且平均变暖幅度大于全球平均和北半球平均，东海的增暖幅度在四个边缘海中最大[①]。

中国沿海海平面波动上升，近30年中国海平面上升速率高于全球平均水平（高信度）。在全球变暖背景下，中国沿海海平面变化总体呈波动上升趋势。1980~2018年，中国沿海地区海平面上升速率为33mm/10a，高于近期全球平均水平（1993~2018年，全球平均海平面上升速率为3.15 ± 0.3mm/a）（高信度）。其中，2012~2018年是1980年以来中国沿海海平面最高的七个年份。1992~2018年，渤海海平面上升速率为30~47mm/10a，黄海海平面上升速率为20~69mm/10a，东海海平面上升速率为16~57mm/10a，南海海平面上升速率为22~60mm/10a（高信度）[②]。

中国四大海区微塑料丰度由高到低为渤海、黄海、东海和南海，而且近岸海域微塑料丰度高于外海海域（中等信度）。从平均分布来看，渤海海域微塑料（330~5000μm）、东海海域（主要集中于长江口近岸海域）表层海水微塑料（333μm）和南海海域微塑料（330μm）的丰度平均值分别为0.33 ± 0.34个/m³、0.167 ± 0.138个/m³和0.045 ± 0.093个/m³。中国近岸海域微塑料丰度、种类、分布等观测数据仍较少，现有调查研究时空覆盖率不足，尚难以揭示中国近岸海域微塑料的季节和年际变化[③]。

2.1.3 冰冻圈

冰冻圈是指地球表层具有一定厚度且连续分布的负温圈层。冰冻圈的组成要素包括冰川（含冰盖）、冻土（包括多年冻土和季节冻土）、积雪、河冰、湖冰、海冰、冰架、冰山和海底多年冻土，以及大气圈对流层和平流层内的冻结状水体。冰冻圈的变化不仅直接影响全球气候和海平面、地表水文水资源的变化，同时还会对生态与环境及人类活动产生影响。

在气候变暖背景下，全球冰冻圈整体表现出萎缩的态势。相应地，中国冰冻圈也发生了明显的变化（高信度）。2006~2015年全球山地冰川负物质平衡[(-490 ± 100) kg/（m²·a）]较1986~2005年增加了30%，其中亚洲高山区负物质平衡程度整体较轻[(-150 ± 110) kg/（m²·a）]，但具有很大的区域差异，并且喀喇昆仑山地区和昆仑山地区的冰川在2000年以后表现出轻微的正平衡（图2-4）。自国际极地年以来（2008~2016年），中国区域多年冻土年平均地温升幅为7.0%，北半球约为8.1%；中国和北半球多年冻土区活动层厚度在2000~2018年增幅相近，分别为27.6%和27.9%（Biskaborn et al.，2019）。近几十年来，青藏高原和北半球积雪范围均表现出减少的趋势，但变化幅度的差异较大，2007~2016年较1981~1990年分别减小了72.8%和8.5%；就雪水当量而言，中国和东西伯利亚均呈现增加趋势，其中东西伯利亚的增幅约为中国区域的6倍。北极海冰范围在1979~2015年减少了12.1%，而1979~

---

① 参考第一卷5.2.1、5.4.1节。
② 参考第一卷5.4.3节。
③ 参考第一卷8.2节。

2015 年渤海海冰范围减少了 18.1%。1975 ~ 2012 年北极海域海冰厚度由 3.59m 减小至 1.25m，1993 ~ 2007 年减小幅度达到 11.7%，北极盆地的年平均海冰厚度在 2000 ~ 2012 年以 −0.58 ± 0.07/10a 的速率减小，但中国渤海海域的海冰厚度在 2001 ~ 2016 年呈现增加趋势，增幅达到 16.1%[①]。

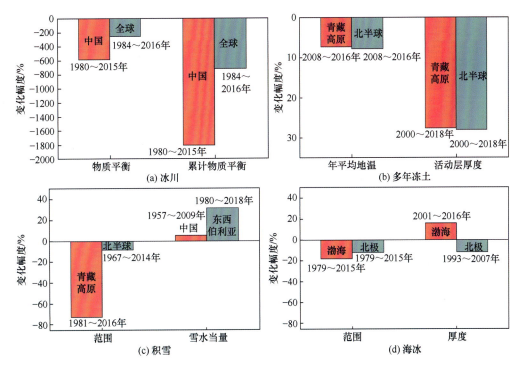

图 2-4　中国冰冻圈主要要素与全球（典型区）的变化幅度比较

综合第一卷第 6 章评估结果绘制

2.1.4　生态系统

1. 陆地生态系统

中国森林面积增加，湿地面积减小，陆地植被覆盖总体呈增加趋势（高信度）。森林资源清查数据显示，中国森林面积在 1998 ~ 2018 年增加了 0.62 亿 hm²，增幅为 38.70%；同期，中国森林蓄积量增加 62.93 亿 m³，增幅为 55.85%。依据全国沼泽图（1970 年）和第二次全国湿地资源调查结果显示，20 世纪 70 年代以来，中国单块面积大于 100hm² 的沼泽湿地总面积从 4444.8 × 10⁴hm² 减少至 2085.8 × 10⁴hm²。21 世纪初以来，中国陆地植被覆盖总体显著增加。遥感数据表明，2000 ~ 2017 年，中国陆地植被叶面积增加了约 18%(约 $1.3 \times 10^6 km^2$)，贡献了全球 1/4 的叶面积增加量，居世界首位。多种遥感植被指数结果表明，相比 1982 ~ 1999 年，2000 ~ 2016 年中国植被覆盖增加速

---

① 参考第一卷 6.1 ~ 6.3 节。

度更快。大气 CO_2 浓度升高和重大生态保护与恢复工程实施等共同导致中国陆地植被覆盖增加（图 2-5）[①]。

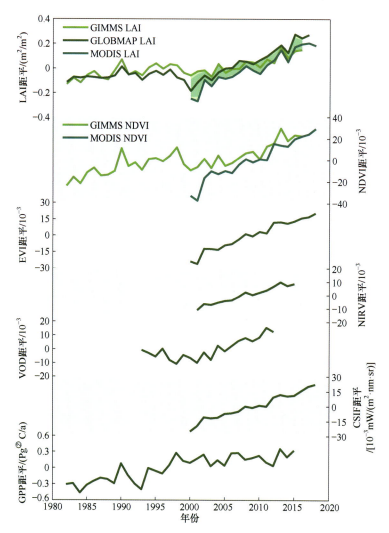

图 2-5　1982～2016 年中国植被生长季（4～10 月）平均叶面积指数（leaf area index，LAI）、归一化植被指数（normalized differential vegetation index，NDVI）、增强型植被指数（enhanced vegetation index，EVI）、植被近红外通道反射率（near-infrared reflectance of vegetation，NIRV）、植被光学深度（vegetation optical depth，VOD）、连续日光诱导叶绿素荧光（contiguous solar-induced fluorescence，CSIF）、总初级生产力（gross primary productivity，GPP）的变化（Piao et al.，2020）

中国区域植被物候变化特征总体表现为生长季开始时间提前、生长季结束时间推迟（高信度）。遥感观测表明，1982～2011 年，中国温带植被生长季开始时间平均提前 1.3±0.6d/10a，生长季结束时间约推迟 1.2d/10a。升温是中国植被物候变化的主要驱动因子。例如，气温升高 1℃，中国北方温带森林植被展叶期平均提前 3～4 天。在中国

---

① 参考第一卷 7.2、7.3 节。
② 1Pg=10^{15}g。

东北和中部的森林，以及青藏高原东南部草甸，夏季和秋季升温是生长季结束时间推迟的主要因素。不仅升温，降水也会影响部分地区植被物候。例如，在内蒙古中部和西部干旱半干旱地区，水分条件是草地物候变化的主要影响因素，冬春两季降水减少造成水分胁迫，促使生长季开始时间推迟，夏秋两季降水减少则导致生长季结束时间提前[①]。

中国陆地生态系统总初级生产力和碳储量显著增加（高信度）。1982～2015 年，中国陆地植被总初级生产力平均增速为 0.02 ± 0.002 PgC/a。具体而言，在 89.5% 的地区总初级生产力呈现增加趋势，近 60% 的地区趋势显著，增幅介于 0～4g C/（m² · a）。2000 年以来，中国主要生态系统（森林、灌丛、草地和农田）碳储量总体显著增加（高信度），这与重大生态保护与恢复工程的实施密切相关。基于森林资源清查数据的研究表明，仅 2001～2010 年，三北防护林体系建设工程（简称三北防护林工程），长江、珠江流域防护林体系工程，天然林保护工程，绿色粮食计划工程，京津风沙源治理工程和退耕还林还草工程 6 个国家重大工程项目涉及区域的陆地生态系统碳储量每年增加 132 Tg[②]C，其中 56%（74 Tg C/a）归因于以上国家重大工程项目的实施[③]。

中国陆地生态系统大多物种向北、西北，以及西部更高海拔迁移，且部分物种资源多样性减少（高信度）。50 年以来，80～100 种两栖类、100 多种爬行类、400～600 种鸟类和 120～200 种哺乳类动物向北和西部高海拔迁移；300～500 种苔藓植物、20 多种蕨类植物、10 多种裸子植物、1000 多种被子植物主要向高纬度迁移，部分向高海拔迁移；中东部地区约 80% 木本植物北移。气候变化和人类生产活动等导致地方畜禽品种中 15 个消失、55 个处于濒危状态、22 个濒临灭绝。不仅如此，部分家养动物栖息条件恶化，一些野生近缘种分布改变，部分物种消失[④]。

2. 海洋生态系统

中国渤海、黄海、东海和南海四大海区近岸海水体富营养化较为突出，且典型近岸海域溶解无机氮增加是最突出的特征之一（高信度）。在渤海中部，夏季海洋底层溶解无机氮从 20 世纪 90 年代的 2.5μmol/L 增至 21 世纪初的 5.0μmol/L，以及 2015～2016 年的 9.5μmol/L。1985～2006 年，南黄海溶解无机氮从 1.5μmol/L 增至 10μmol/L。20 世纪 80 年代至 21 世纪 10 年代，东海低盐度（盐度 <5）水体中无机氮浓度从小于 60 μmol/L 增至大于 100μmol/L。20 世纪 80～90 年代，东海近岸富营养化水体主要分布于长江口和杭州湾附近；但是 2000 年以来，浙江和福建近岸海水体也开始出现富营养化。人类排放陆源影响、外海输入和混合以及大气沉降等是中国近岸海水无机氮浓度增加的重要原因[⑤]。

---

① 参考第一卷 7.4 节。
② 1Tg = 10^{12}g。
③ 参考第一卷 7.5、7.6 节。
④ 参考第二卷 4.5 节。
⑤ 参考第一卷 8.3 节。

四大海区典型近岸海域溶解氧浓度均呈降低趋势，且夏季缺氧逐渐加剧（高信度）。1978～2006年，渤海中部断面底层溶解氧以0.84μmol/（L·a）的速率降低。与此相比，1976～2015年，北黄海夏季断面8月溶解氧含量下降更快，降低速率为1.12μmol/（L·a）。自21世纪以来，东海长江口低氧面积呈扩大趋势，其中，2013年8月，东海观测到缺氧面积达11500km²。1990～2014年，南海珠江口底层溶解氧呈现逐渐降低趋势，且珠江口缺氧区可能因富营养化等而加剧[①]。

在渤海、黄海、东海，季节性海水酸化现象均有发生，但因数据资料有限，仍有待全面观测和评估。在四大海区中，渤海的海洋酸化监测时间序列最长，已有约36年的记录。1978～2013年，渤海中心断面夏季表层海水平均pH显著增加，但底层海水平均pH降低；冬季表层和底层海水平均pH均呈现降低趋势。2002～2011年东海观测记录表明，春季表层海水pH呈下降趋势，而夏季和秋季表层海水pH无明显变化[②]。

渤海、黄海和东海春夏季发生硅藻向甲藻的季节性演替，且甲藻的丰度比例逐渐升高（高信度）。2000年以来，我国近海季节性硅藻、甲藻演替现象越来越明显。在渤海和黄海近岸，从春季到初夏，出现硅藻向甲藻的演替。在东海近岸长江口、杭州湾等典型海域，甲藻细胞丰度和占比也在春季达到最高。甲藻的优势地位（丰度比例）逐渐升高（高信度）。例如，1959～2015年渤海网采浮游植物调查资料表明，浮游植物群落结构由硅藻主导演替为硅藻、甲藻共同控制，且甲藻、硅藻比升高了近3倍。黄海浮游植物群落结构的变化主要表现为硅藻和甲藻丰度比例逐渐降低，浮游植物优势种由硅藻转变为甲藻和硅藻共存[①]。

中国近海水母数量增加甚至暴发，且水母种类及暴发海域具有明显的年际变化（高信度）。中国近海的大型水母数量总体上增加，但黄海和东海的水母数量先增后降：20世纪90年代开始增加，而2013～2018年相对下降。水母种群变化的原因非常复杂，其中，气候变暖和人类活动会直接或间接地导致水母暴发。在水母暴发的海域，有证据表明，近年来自然变率引起的气候变化会影响水母种群大小。除此以外，水母暴发的主导因素还包括：极端气候事件增多、鱼类数量减少、底栖生态系统破坏，以及海岸带工程建设等[②]。

3. 海岸带生态系统

过去50多年来，南海90%以上的珊瑚礁已遭到破坏（高信度）。2000～2010年，南海珊瑚礁平均覆盖率从60%下降到20%左右（Hughes et al.，2013）。其中，三亚鹿回头一带的珊瑚礁覆盖率由1998～1999年的40%下降到2009年的12%，南海北部亚龙湾海区活珊瑚覆盖度从1983年的76.6%下降到2008年的15.3%（Yu，2012），西沙群岛永兴岛的活珊瑚覆盖度从1980年的90%下降到2009年的10%左右，广东省徐闻海域珊

---

① 参考第一卷8.3节。
② 参考第一卷8.2节。

瑚礁覆盖率从 2000 年的 30%～40% 下降到 2008 年的不到 7%（Wu and Zhang，2012）。海水温度升高、海洋酸化加剧，以及海洋渔业资源过度捕捞等都是珊瑚礁覆盖率下降的主要原因（Wu and Zhang，2012；Hughes et al.，2017；Tkachenko et al.，2020；Yu，2012）。

2001 年以来中国的红树林总面积得到了显著增加（高信度）。中国红树林曾经从 1973 年的 48801hm² 下降到 2000 年的 18702hm²，损失了 61.7%，但至 2015 年，中国红树林面积恢复到 22419hm²（Jia et al.，2018）。自 2001 年以来，中国红树林面积每年增长 1.8%，到 2019 年底，67% 的红树林纳入自然保护区内（Wang et al.，2020）。

自然湿地面积逐渐减少，部分地区人工湿地面积增加（高信度）。1991～2016 年，黄河三角洲湿地总面积逐渐减少了约 91.39km²，其中 2000～2010 年面积变化最为剧烈，自然湿地面积以 30.21km²/a 的速度减少，人工湿地面积以 32.77km²/a 的速度增加。1980～2015 年珠江三角洲自然湿地面积减少 189km²，人工湿地面积增加 284km²。2000～2010 年长江三角洲湿地和耕地减少都十分明显。

2.1.5　行星环境

工业革命以来，太阳活动对辐射强迫长期变化的影响很小（高信度）。在一百多年的变化中，太阳活动的变化以 11 年周期最为明显，太阳总辐射量最大值和最小值之间的变化为 1W/m²。IPCC AR5（2013 年）指出，1750～2011 年，太阳活动变化带来的长期辐射强迫变化的影响不足 0.10 [0.05～0.10]W/m²。宇宙射线通过辐射强迫对气候变化产生的影响可以忽略不计。一些研究认为，太空中的宇宙射线进入地球大气可以改变对流层大气中的新粒子生成，并促进云凝结核（CCN）的形成，进而直接影响云的形成，而云特性改变又会对地球气候产生影响。但最新的研究认为，宇宙射线增强促进新粒子形成，进而引起 CCN 的效应很弱，并且缺乏其对云影响的可靠证据。

火山爆发主要在年际尺度上影响地球温度，对工业革命以来的温度变化趋势的影响很小。大型火山爆发在年际变化尺度上对气候的影响是显著的，可以使北半球平均温度下降约 0.3℃，持续时间可达 3～5 年，连续的火山活动使其受影响的时间可能更长。1991 年皮纳图博火山爆发后中国东部降温幅度高达 0.6℃，但降温幅度存在区域和季节差异，并与火山爆发引起的大气环流异常有关（Man et al.，2014；Sun et al.，2019）。在最近几十年的气候变化中，与热带东太平洋海温的变冷（Kosaka and Xie，2013）、大西洋多年代际振荡的负位相一起，中小规模火山活动被认为可能是影响 1998 年以来全球变暖趋缓的原因之一（Santer et al.，2014）。对于中国而言，火山喷发后对气温变化的影响主要依赖于喷发的纬度和季节（Sun et al.，2019）。

2.2　极 端 事 件

IPCC AR5 指出，自 1950 年以来，全球很多极端天气气候事件已发生显著变化。其中，冷昼和冷夜在全球尺度显著减少，暖昼和暖夜显著增加，尤其是欧洲、亚洲和澳大利亚的大部分地区，高温热浪发生频次增加明显。对于极端降水，发生频次增加的陆地区域范围明显要大于减少区域，尤其是北美洲和欧洲地区，极端降水发生频次和强度均明显增加、增强；干旱发生频次增加区域明显大于减少区域，尤其是地中海和西非地区增加趋势最为显著。

受全球增暖影响，降雪发生频次明显减少，尤其是北美洲、欧洲、南亚和东亚地区；同时，全球冰川在持续退缩，北极海冰快速消融，多年冻土温度显著增加、面积明显减少。全球热带气旋发生频次在过去一个世纪并没有明显的变化趋势，但北大西洋地区自 20 世纪 70 年代开始超强热带气旋呈现明显增加趋势；冰雹、雷暴等强对流性天气在全球范围内变化不均。已有的检测与归因研究指出，人类活动已对全球大部分极端天气气候事件的变化产生影响，包括高低温和极端降水变化以及冰川退缩和北极海冰的快速消融。在全球变化的背景下，中国区域极端天气气候事件也发生如下显著变化。

2.2.1 极端温度事件

中国区域高温热浪日数显著增加、影响范围扩大、持续时间增长 [图 2-6（a）]。1961 年以来，中国平均年极端高温事件发生频次增加趋势为 4.4 次 /10a。最高气温破纪录站数在 20 世纪 90 年代以后增多，尤其是进入 21 世纪以来显著增多。最高气温破纪录事件有明显的区域特征：20 世纪 90 年代主要发生在中国西北东部和华北南部地区；进入 21 世纪后，主要发生在华南、华北和四川盆地等地区。全国群发性极端高温事件也在增加、强度增强，且影响范围扩大。极端高温事件的增加对人类健康、生态环境和社会经济发展构成了严重的威胁[1]。

中国区域极端低温事件发生频次显著减少。1961 年以来，中国冷夜、冷昼和霜冻等极端冷事件日数呈现显著减少趋势，群发性极端低温事件频次也显著减少（9.9 次 /10a）。20 世纪 60 ~ 80 年代，极端低温破纪录事件发生较多，主要发生在华北和西南地区；90 年代频次相对较少，主要出现在河套和南方地区；进入 21 世纪后，东北和华北地区频次明显增多[2]。

人类活动引起的温室气体浓度增加是导致中国极端高温事件显著增多的重要原因，土地利用如城市化影响也不容忽视。此外，气候系统内部变率，如太平洋年代际振荡（PDO）、丝绸之路遥相关型等位相的转变也与中国东部夏季持续性高温事件的显著增多有关。而北极海冰的迅速消融、乌拉尔山阻塞高压的频发以及北极涛动（AO）的位相转变等是 21 世纪以来中国北方地区低温事件频发的重要原因[3]。

2.2.2 极端降水事件

中国区域极端降水事件发生频次增加、强度增强、影响面积扩大，但具有明显的区域特征。1961 ~ 2018 年，全国年累计暴雨（日降水量 ≥ 50mm）站日数平均每十年

---

① 参考第一卷 10.2.1 节。
② 参考第一卷 10.2.2 节。
③ 参考第一卷 10.2.3 节。

增加 3.8%[图 2-6（b）]，其中中国南方、青藏高原和西北部分地区以增加趋势为主，而华北和四川盆地中部地区略有减少。在江淮和华南地区，极端降水事件更趋向于以持续性极端事件的形式出现。1961～2018 年，全国大部分地区最大日降水量呈增加趋势，江南、华南中西部和海南地区每十年增加 2～10mm，而在内蒙古东南部、京津冀、山西北部、河南北部、甘肃东部、四川中部等地区表现为减少趋势。与此同时，区域性极端降水事件的影响面积也呈显著增大趋势，尤其在 1995 年以后影响面积较大的年份明显增多。极端降水引发的洪涝灾害造成的直接经济损失呈增加趋势，损失较大的地区主要集中在中国东部和西南地区[①]。

中国极端降水在年际和年代际尺度上与主要海气模态，如厄尔尼诺 - 南方涛动（ENSO）、印度洋海温异常模态、北大西洋海温异常模态、北极涛动、北太平洋涛动、太平洋年代际振荡等都有着密切关系；此外，北极海冰、欧亚积雪等异常通过调控欧亚局地大气环流也对中国部分地区极端降水变化产生显著影响[②]。

中国干旱具有发生频率高、分布广、持续时间长、季节性和地域性明显的特点。1961～2018 年，中国共发生了 178 次区域性干旱事件，其中极端干旱事件 16 次、严重干旱事件 37 次。区域性干旱事件发生频次具有明显的年代际变化特征，在 20 世纪 70 年代后期至 80 年代和 21 世纪初偏多 [图 2-6（c）]。中国干旱事件发生面积整体呈增加趋势（3.72%/10a），尤其是严重和极端干旱，跨季节持续干旱事件也明显增多。西北大部分地区平均降水量在 20 世纪 80 年代中期之后显著增加，进入 21 世纪后，降水量进一步增加，由此西北干旱频次整体呈现出减少趋势。自 20 世纪 50 年代开始东北和华北地区干旱形势持续加剧。华北地区在 2000 年之后降水量虽然有所增加，但华北地区干旱化仍在加剧。西南地区持续性干旱事件发生频次显著增加、强度增强，尤其是 21 世纪以来，该地区处于持续性严重干旱事件的高发期。华南地区年降水量虽然呈现增加趋势，但华南秋旱事件发生频次呈现年代际增加，特别是 20 世纪 90 年代以来，极端秋旱事件发生频次显著增加。进入 21 世纪以来，干旱与高温并发事件明显增多，这种并发事件往往会对农作物造成严重的影响[③]。

影响干旱变化的因素很多，包括局地降水、温度、太阳辐射、风速等，其中降水是最主要的因素。此外，厄尔尼诺 - 南方涛动、北太平洋年代际振荡、北大西洋涛动（NAO）、东亚西风急流、北极海冰、青藏高原积雪等异常也是影响我国干旱变化的重要因子；2000 年以来西南地区持续性干旱事件的增加与北极涛动位相的年代际转变、热带西太平洋和热带印度洋的异常偏暖等密切相关[④]。

2.2.3　台风及强对流天气

登陆中国的台风比例显著增加，且东南沿海地区台风造成的极端降水呈现增加趋

---

① 参考第一卷 10.3.1、10.3.2 节。
② 参考第一卷 10.3.4 节。
③ 参考第一卷 10.4.1 节。
④ 参考第一卷 10.4.2 节。

中国气候与生态环境演变：2021

综合卷

势。1961～2018年，西北太平洋和南海生成的台风（中心风力≥8级）个数表现为年代际的减少趋势，尤其是1995年以来，总体处于台风活动偏少的时段，但台风活动的平均持续时间却在增加。1961～2018年，登陆中国的台风个数无明显的线性趋势，但登陆中国的台风比例显著增加[图2-6（d）]，强度也自20世纪90年代后期以来偏强。

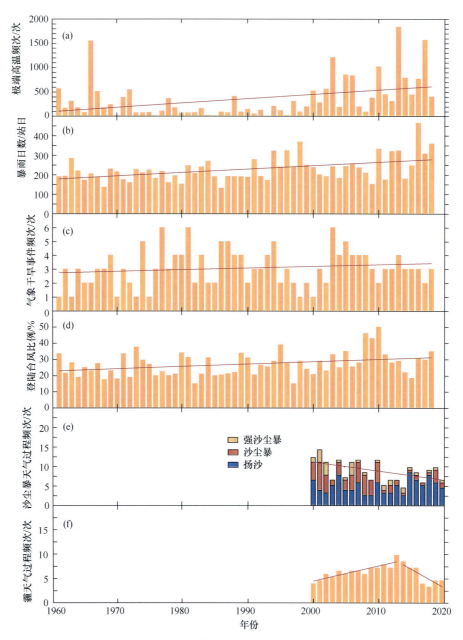

图2-6　1961～2018年中国区域极端高温频次（a）、暴雨日数（b）、气象干旱事件频次（c）、登陆台风比例（d）、2000～2020年沙尘暴天气过程频次（e）和霾天气过程频次的变化（f）

直线代表长期趋势。（a）～（d）的数据来自中国气象局气候变化中心（2019）；（e）、（f）的数据来自《2020年大气环境气象公报》

1961 年以来，中国夏半年台风降水频次呈显著下降趋势（4.8%/10a），导致台风降水量也呈减少趋势（1.7%/10a）[①]。

进入 21 世纪以来，西北太平洋热带气旋的显著减少与局地垂直风切变增大、低层相对涡度减弱等有关；但西北太平洋热带气旋路径有向西北移动的趋势，造成影响登陆中国的台风强度明显增强。而西北太平洋局地增暖加剧以及近年来太平洋拉尼娜（La Niña）型海温异常分布等是影响热带气旋路径向西北移动且东亚强台风增多的重要原因[②]。

中国区域的雷暴和冰雹等强对流天气的发生日数均呈现出明显的减少趋势，但龙卷风个数有所增加。1961～2018 年华北（北京市观象台）雷暴日数呈显著下降趋势（1.5d/10a）；东北地区（哈尔滨市气象台）雷暴日数主要表现为年代际变化特征：20 世纪 70 年代偏少，80 年代中期至 90 年代中期偏多，之后偏少；华东地区（上海徐家汇观象台）雷暴日数表现为弱的减少趋势，但 2015 年以来增多；东南地区（香港天文台）雷暴日数显著增加（2.8d/10a）。中国区域冰雹日数在 20 世纪 80 年代之前较为稳定，但之后持续减少，尤其在北方和青藏高原地区更为明显。1948～2012 年中国区域龙卷风个数呈增加趋势，在最多的年份大约有 200 个龙卷风发生；强龙卷风主要发生在中国东部沿海的江苏、上海和浙江北部等区域，仅有少数强龙卷风发生在南部沿海（广东）和东北三省地区[③]。

2.2.4 沙尘暴与霾

沙尘暴天气过程总体呈减少趋势，其中沙尘暴和强沙尘暴天气减少得尤为明显。2000～2020 年，沙尘暴和强沙尘暴天气过程频次总体呈减少趋势 [图 2-6（e）]，但个别年份发生较为频繁，如 2000 年、2001 年。对于强沙尘暴天气，2000～2009 年为 21 次，而 2010～2019 年仅有 11 次[④]。

2000～2020 年中国霾天气过程先增后减。从 2000 年开始霾天气过程增多，2013 年霾天气过程达到峰值（15 次），此后明显下降 [图 2-6（f）]；东亚季风强度变化、降水减少和风速减小与霾日数变化相关；大部地区霾日数由上升转为下降，尤其是东部地区 PM_{10} 和 $PM_{2.5}$ 浓度下降趋势明显；2000～2020 年中国大气环境整体呈现前期转差、后期向好趋势[⑤]。

2.2.5 冰冻圈事件

冰川显著退缩，冰崩事件发生频率明显增多。从第一次（20 世纪 60～80 年代）到第二次（2004～2011 年）冰川编目期间，中国西部冰川面积整体减少了约 18%，其中约 81% 的冰川呈退缩状态。冰川消融使得冰崩、冰川跃动事件发生频率有明显增多迹象。冰崩、冰川跃动触发因子复杂，不但受气候变化和局地地质状况等外因的控制，

---

① 参考第一卷 10.5.1、10.5.2 节。
② 参考第一卷 10.5.3 节。
③ 参考第一卷 10.6 节。
④ 参考第一卷 9.2.4 节。
⑤ 参考第一卷 9.3.2 节。

还受冰川本身形态、热状况和流动情况的影响[①]。

冰湖显著增多，冰湖溃决事件增加。中国西部面积大于 $3600m^2$ 的冰湖共有 17300 个，总面积为 $1133 \pm 148km^2$。气候变暖导致冰湖呈显著增多和扩展趋势，1990～2010 年中国西部冰湖数目增多约 24%、面积增加约 22%。冰湖坝体失稳会导致冰湖溃决，进而引发洪水灾害危害下游地区。目前，冰湖溃决事件多发生在喜马拉雅山、念青唐古拉山和天山地区（图 2-7）。20 世纪 30 年代以来，中国冰湖溃决事件发生频次呈显著增加态势，累计发生冰湖溃决事件超过 40 次[①]。

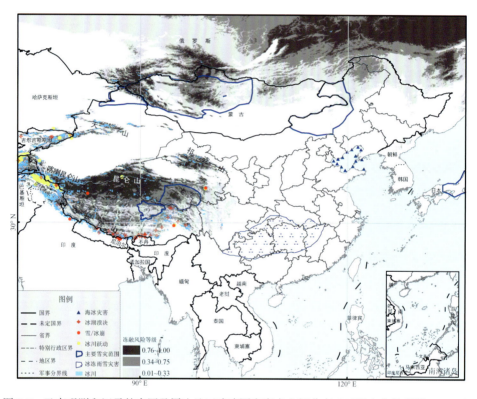

图 2-7 已有观测和记录的中国及周边地区冰冻圈灾害点空间分布（王世金和效存德，2019）

多年冻土退化显著，导致热融灾害频发。青藏高原多年冻土约为 106 万 km^2。20 世纪 80 年代以来，青藏高原多年冻土面积减少率为 4.3 万 $km^2/10a$。1981～2018 年青藏公路沿线活动层增加率为 1.95cm/a。多年冻土活动层加深、地下冰融化会引起热融滑塌、热融湖塘等热喀斯特地貌的发生。1969～1999 年青藏高原中部北麓河地区热融湖塘面积增加速率为 0.35%/a，1999～2006 年增加率为 0.42%/a，呈加速增加趋势。青藏铁路穿越的 550km 多年冻土中，有一半为高温多年冻土（$>-1℃$），其潜在融沉损坏风险较大[②]。

极端降雪增多、增强，雪灾呈显著增多趋势。1961～2011 年，中国北方暴雪日数（以绝对阈值定义）主要发生在东北和新疆北部地区。20 世纪 80 年代中期之前这两个

---

① 参考第一卷 6.2.1 节。
② 参考第一卷 6.2.2 节。

地区的暴雪发生日数较少，之后有所增多，21 世纪初之后显著增多。1961～2017 年三江源地区冬半年极端降雪量增加趋势为 2.2mm/10a，发生日数增加趋势为 0.25d/10a。极端降雪增加导致雪灾呈增多趋势，主要分布在青藏高原、新疆北部、内蒙古等地区（图 2-7）。1961～2015 年青藏高原发生大规模雪灾事件 238 起，总体上大规模雪灾频次减少、小规模雪灾频次增加。1954～2018 年，新疆共计发生 403 次雪灾，其中近 20年（2000～2018 年）发生 277 次，占总次数的 69%[①]。

　　海冰灾害频次变化不显著，但灾损增加。海冰灾害主要分布在渤海和黄海北部（图 2-7），主要影响捕捞、养殖以及航道运输等。1963～2016 年中国海冰冰情总体呈降低趋势，海冰灾害频次变化不大，但灾害造成的损失在加重，主要受灾区为辽宁和山东两省[②]。

2.2.6　森林火险天气

　　1971 年以来中国森林火险增加。森林燃烧需要火险天气、森林可燃物和火源。森林火灾的发生发展受气象条件、植被状况等诸多因素的影响，其中气象条件对森林火灾的发生发展产生的影响最为显著。气温持续偏高、降水减少、空气干燥等都是森林火灾发生的有利气象条件，风速和风向则对火灾的蔓延速度和传播方向有重大影响。在过去近半个世纪，中国森林分布区的平均气温呈现上升趋势，年降水量变化趋势不显著；各森林分布区的火险期平均气温增加趋势显著，而降水量只有中温带干旱地区荒漠针叶林区显著增加，其他区域变化不显著（田晓瑞等，2017）。总体来看，近 50年来，在气候变化的影响下，我国东北地区的森林火险呈显著增高趋势，高森林火灾危险度的日数也显著增加，森林火灾易发期延长，发生重特大火灾的概率增大；华北地区的森林火灾危险度也呈增高趋势，但没有东北地区显著；西北地区东部森林火险变化趋势不明显；北疆地区的森林火险全年一致地呈显著下降趋势，森林火灾易发期也在缩短（Niu and Zhai，2012）。此外，随着气候变暖，森林生态系统的结构改变以及植被带的迁移导致一些植被未能适应新环境而死亡，进而造成森林可燃物的增加；同时气候变暖通过改变植被理化性质来改变森林燃烧性，从而导致森林火险等级增加（魏书精等，2020）[③]。

2.2.7　复合极端事件

　　根据 IPCC AR6（IPCC，2021）的定义，复合极端事件可以分为：先决条件事件，其中天气或气候驱动的先决条件会加剧致灾因子的影响；多变量事件，其中多个驱动因子和 / 或致灾因子导致影响；时间复合事件，由一连串的致灾因子导致了影响；空间复合事件，由多个相连位置的致灾因子造成了综合影响。中国频发的复合极端事件主要包括高温干旱和冬季低温雨雪冰冻灾害等。

---

① 参考第一卷 6.2.3、6.3.2 节。
② 参考第一卷 6.3.1 节。
③ 参考第一卷 7.2.1 节；第二卷 4.4.3 节。

1961～2018年，中国地区高温干旱复合极端事件发生频次趋于增加，尤其是西南、西北东部和东南沿海地区。大范围高温干旱复合极端事件的发生一般伴随着大尺度高压系统的稳定维持；人类活动的影响也可能使得高温干旱复合极端事件发生频次增加。1961～2014年，中国冬季低温雨雪冰冻灾害发生频次总体上趋于减少，其影响范围趋于减小。低温雨雪冰冻灾害的发生往往和北极涛动、Rossby波列以及准静止锋等引起的大尺度环流系统的组合性异常有关。人类活动的影响可能使得冬季低温雨雪冰冻灾害频次减少[1]。

1950～2016年，中国地区发生严重滑坡、泥石流的频次在增加。滑坡、泥石流的触发机制极其复杂，降水是影响其发生的主要因素之一，尤其在地形复杂的山地区域，滑坡、泥石流的发生与降水紧密相关。在过去60多年里，中国极端降水及连续降水发生频次明显增加，导致严重滑坡、泥石流事件也明显增加，尤其在长江中游、云贵高原、四川盆地及其周边山地等地区；东南丘陵、天山西北部、昆仑山西部及长白山东北部地区也是滑坡、泥石流的多发区（Lin and Wang，2018）。

2.2.8 极端事件归因

人类活动很可能改变了中国区域高温热浪和低温寒潮发生的概率。从整体上看，目前对于我国高温热浪和低温寒潮的研究，主要是基于观测数据与全球气候模式数据，采用最优指纹法、风险概率法和分步归因风险方法进行定量归因，部分研究还引入了再分析资料与区域气候模式数据；而对于强降水和极端干旱事件，现有的研究除量化人为强迫影响外，还考虑了大气环流特征、海温和海冰的强迫作用来分析这些事件发生的原因。由于研究的事件发生时间、区域范围、事件的定义等不同，目前得到的归因结果在人类活动对某些变量的影响方面仍然存在不确定性，但整体上均发现人类活动对极端事件的发生概率存在影响。其中，人类活动对高温热浪、低温寒潮的影响最为明显，而对极端强降水事件的影响存在不确定性，对于极端干旱事件，除人类活动影响外，还受到海温、海冰等因素影响（表2-1）[2]。

表 2-1　近年来中国区域极端事件归因

极端事件	地区和事件	人类活动的贡献
高温热浪	2013年夏季中东部高温热浪、2014年春季北方高温、2015年夏季西部高温、2017年7月中东部地区高温、2018年夏季东部高温等	人类活动很可能使得类似高温热浪出现的概率增加
低温寒潮	2015年冬季低温寒潮、2016年1月东部低温寒潮等	人类活动可能使得类似低温寒潮出现的概率减少
极端强降水	2012年7月华北强降水、2015年夏季华南强降水、2016年6～7月长江中下游强降水、2017年6月东南地区强降水、2018年中西部强降水等	具有中等信度的是，人类活动使得类似极端强降水出现的概率增加或者减少
极端干旱	2014年夏季华北干旱、2015年夏秋华北等地严重干旱、2017年3～7月东北干旱等	具有低信度的是，人类活动对极端干旱发生的概率产生了影响

---

[1]　参考第一卷10.2.2、10.4.1节。

[2]　参考第一卷12.4.3、12.5节。

2.3　人类活动对中国气候变化的影响

2.3.1　人类活动对大气成分的影响及产生的辐射强迫

IPCC 评估报告对人类活动在气候变化中的主导作用认识的证据不断增加，IPCC AR5 中有关气候变化归因最主要的结论是：20 世纪 50 年代以来人类活动对气候变化起到了主导作用，这个结论的信度超过 95%。人类活动影响气候变化的方式主要有：化石燃料燃烧和生物质燃烧向大气中排放温室气体（如 CO_2、CH_4、N_2O 等）以及短寿命气候驱动物质（如黑碳、有机碳、硫酸盐、硝酸盐和铵盐等气溶胶），显著增加了大气圈内各种大气成分的浓度，从而改变了地 – 气系统辐射能量收支；以及土地利用和土地覆盖的变化，改变了大气成分的含量，同时也改变了地表特征，导致地 – 气之间能量、动量和水分传输发生变化。

20 世纪 50 年代起，随着全球经济的快速发展以及人类活动的加剧，全球能源消费总量处于不断增加态势。1980 ~ 2018 年，全球一次能源消费总量从 66.3 亿吨油当量增加到 138.65 亿吨油当量，其中煤炭消费量从 18.0 亿吨油当量增加到 37.7 亿吨油当量。能源消耗的增加导致全球温室气体、气溶胶等大气成分的浓度显著增加，我国的情况更为突出，我国是拥有 14 亿人口的经济规模居全球第二的国家，我国的面积与美国或整个欧洲相当，而美国仅有 3 亿多人，欧洲有 6 亿 ~ 7 亿人，我国能源消耗强度在世界范围内最大。20 世纪 80 年代以来，随着国民经济持续快速发展，我国以煤炭消费为主的化石燃料的消费量显著增加（图 2-8）。2013 年之后在国家应对气候变化、节能减排

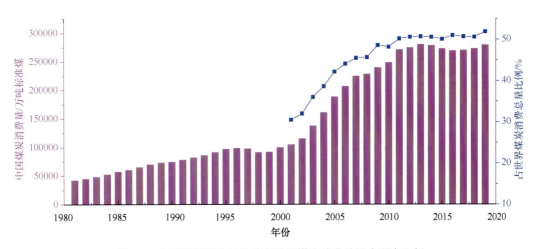

图 2-8　中国煤炭消费量及其在世界煤炭消费总量中所占比例

1981 ~ 1999 年中国煤炭消费量数据来自《新中国六十年统计资料汇编》，2000 之后数据来自国家统计局；中国煤炭消费量比例数据来自《BP 世界能源统计年鉴》

政策持续的情况下，新增削减大气污染排放的"大气十条"政策措施，煤炭消耗一度在 2013～2016 年有所回落，2016 年之后又有小幅增加，但总体在 2013 年之后没有明显上升。1981～2019 年，我国煤炭消费量增加了约 549%。截至 2013 年，我国总发电量、煤炭产量、钢铁产量、水泥产量和有色金属产量已持续多年位列全球第一，堪称名副其实的"世界工厂"。随着国家应对气候变化和"大气十条"有关防治大气污染措施的实施，我国煤炭消费量占一次能源消费量的比重已经从 2013 年的约 67% 下降到 2018 年的约 59%，但其消费总量仍然居高不下。2019 年，世界煤炭消费总量为 157.86×10^{18} J，其中中国煤炭消费量为 81.67×10^{18} J，占世界煤炭消费总量的 51.7%，约为美国和欧洲煤炭消费总量的 3.5 倍。如此高强度的人类活动导致的大气成分变化对我国气候变化的影响显著。

在经济快速增长的拉动作用下，从 20 世纪 60 年代到 2008～2017 年，全球年均 CO_2 排放量增加了 3 倍；2005 年中国超过美国，成为世界上年 CO_2 排放量最大的国家（图 2-9）。20 世纪 60 年代，全球年均 CO_2 排放量仅为 113.67 亿 ±0.73 亿 t，其中 3/4 的排放来自欧洲和北美洲工业革命以来得到快速发展的地区。到 2008～2017 年，全球年均 CO_2 排放量增加了 3 倍，增长至 344.67 亿 ±1.83 亿 t，而且增量主要集中在东亚和南亚。进入 21 世纪以来，中国和印度等发展中大国的经济快速发展推动了能源消费的快速增长，全球 CO_2 排放的增长速率开始提高。在经济快速增长的拉动作用下，2005 年中国超过美国，成为世界上年 CO_2 排放量最大的国家（图 2-9）。2012 年，中国的 CO_2 排放总量已接近美国和欧洲 CO_2 排放总量之和，约是印度 CO_2 排放总量的 5 倍。但是，根据英国牛津大学"我们的数据世界"（Our World in Data）提供的数据，

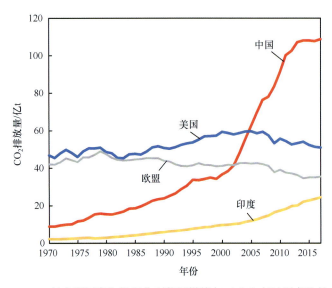

图 2-9　1970～2017 年主要国家和组织化石能源燃烧与工业生产过程产生的 CO_2 排放量

1750 ~ 2019 年，全球累积 CO_2 排放量中美国占 25%、欧盟占 17.4%、中国则占 13%，中国的累积排放量仅相当于美国的一半。联合国环境规划署（UNEP）发布的《2020排放差距报告》中也明确指出，中国目前人均温室气体排放量仍低于发达国家平均水平，与欧盟水平相近，远低于美国和俄罗斯[①]。

观测到的全球大气中主要温室气体的浓度不断增加，中国略高于全球平均值（图 2-10）。20 世纪 50 年代起，观测到的全球大气中主要温室气体的浓度不断增加。截至 2019 年，全球大气 CO_2、CH_4 和 N_2O 的浓度分别达到 410.5 ± 0.2ppm、1877 ± 2ppb 和 332.0 ± 0.1ppb。中国大气温室气体浓度也持续升高，且浓度一般高于全球或者北半球同期水平。位于中国青藏高原的青海瓦里关全球大气本底站（36°17′N，100°54′E，海拔 3816m）观测结果显示，该站 2019 年大气 CO_2、CH_4 和 N_2O 的浓度分别为 411.4 ± 0.2ppm、1931 ± 0.3ppb 和 332.6 ± 0.1ppb。2010 ~ 2019 年中国大气 CO_2、CH_4 和 N_2O 浓度的年平均绝对增量分别为 2.4ppm、7.7ppb 和 0.95ppb。

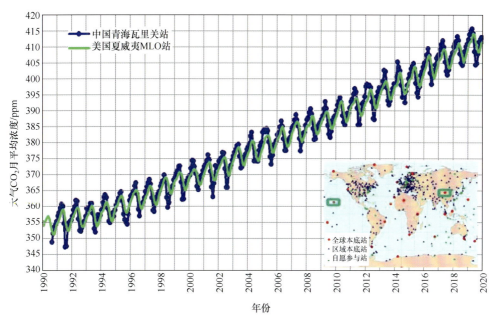

图 2-10　1990 ~ 2019 年中国青海瓦里关和美国夏威夷 MLO 全球大气本底站大气 CO_2 月平均浓度变化（引自《2019 年中国温室气体公报》）

观测到的全球主要大气污染物排放显著增加，我国改革开放以来大气污染物排放增加率高于全球平均值。1990 ~ 2014 年，全球 NO_x 和氨气排放均增加 23%，挥发性有机物排放增加 9%，黑碳排放增加 27%，有机碳排放增加 26%，但是 SO_2 排放减少 22%（Hoesly et al.，2018）。我国大气污染物排放的增加率远高于全球平均增加率。1990 ~ 2013 年，我国 NO_x 排放增加 313%，挥发性有机物排放增加 168%，SO_2 排放增加 131%，氨气排放增加 29%，一次 $PM_{2.5}$ 排放增加 28%。

---

① 参考第三卷 2.2.1 节。

"大气十条"实施五年后我国大气污染物排放削减显著，但排放强度仍然高于北美洲和欧洲。自 2013 年"大气十条"实施以来，我国主要大气污染物减排效果显著，2017 年 SO_2、NO_x 和一次 $PM_{2.5}$ 排放相比于 2013 年分别下降62%、17% 和33%，京津冀、长江三角洲、珠江三角洲三个重点区域的 $PM_{2.5}$ 浓度下降了 28%~40%（张强和耿冠楠，2020）。但是，截至 2018 年底，我国大气污染物排放强度最大的京津冀地区其排放强度仍然是美国的 3~12 倍、是欧洲的 4~13 倍[①]。与世界主要的发达经济区相比，我国大气气溶胶的排放和浓度仍处于较高水平[②]。

气候变暖对我国大气气溶胶的浓度有影响，但相较于大气气溶胶排放量的变化没有起到主导作用。在排放稳定时段不利气象条件是气溶胶污染出现的必要外部条件，且随着污染累积，污染还会导致气象条件进一步不利，形成累积的污染与不利气象条件之间的显著双向反馈效应（中等信度）（图 2-11）。气溶胶浓度增加与大气污染物排放的增加联系密切。我国大气气溶胶污染年代际变化也受到了以变暖为特征的气候年代际变化的影响，但没有起到主导作用。而在排放可视为基本不变时段，如一年的冬季，气溶胶污染的出现是源于出现了以区域气团稳定和水汽凝结率高为特征的不利气象条件，表现在边界层高度通常下降到平时的 60% 左右，气溶胶水平和垂直方向的扩散被抑制，浓度不断攀升。通常当气溶胶浓度超过 $100\mu g/m^3$ 阈值后，气溶胶污染会进一步显著恶化边界层气象条件，使边界层高度进一步下降到平时的 20% 左右，气溶胶浓度在短时间至少增加 1 倍，触发显著的不利气象条件和累积的气溶胶污染之间的"双向反馈效应"。需要指出的是，气候的年际变化信号，包括：北极海冰、太平洋海

图 2-11　气候年代际变暖对局地气溶胶污染影响的概念图

气候变暖会形成更加不利的局部和区域天气条件，导致气溶胶污染进一步累积，累积的污染会进一步加剧不利的天气条件，反馈产生更多的污染，形成"恶性循环"

---

① 来自"大气十条"实施后减排效果的相关评估报告。
② 参考第一卷 9.2.2、9.2.3 节。

温、ENSO、大西洋海温、东亚季风等也与我国大气气溶胶浓度的年际变化关联，这些信号对大气污染的季节和年际预测有重要的指示作用。模式分析表明，气象场导致的地面臭氧年际变化大于人为排放变化的影响[1]。

大气成分的辐射强迫指示出人类活动对气候变化的影响程度，其中温室气体辐射强迫估算的结果较为确定，硝酸盐和有机碳气溶胶有效直接辐射强迫和气溶胶 – 云相互作用的间接辐射强迫估算的不确定性相对较大。辐射强迫主要用于衡量不同因素对地气系统辐射收支的影响程度。IPCC AR6 指出，1750 ~ 2019 年，CO_2、CH_4、N_2O 和臭氧浓度变化产生的全球平均有效辐射强迫分别为 2.16W/m^2、0.54W/m^2、0.21W/m^2 和 0.47W/m^2。1750 ~ 2014 年气溶胶总的有效辐射强迫为 –1.3 ± 0.7W/m^2。硫酸盐主导了总的人为气溶胶的有效辐射强迫，有机碳和硝酸盐的有效辐射强迫次之。尤其值得注意的是，二次有机碳生成、分布和辐射效应研究的不确定性较大，给气溶胶辐射强迫带来较大的不确定性。气溶胶的有效辐射强迫仍具有很大不确定性，特别是气溶胶 – 云相互作用产生的有效辐射强迫。1750 ~ 2014 年，气溶胶 – 云相互作用产生的全球年平均的大气顶有效辐射强迫值为 –1.7 ~ –0.3 W/m^2。气溶胶 – 云相互作用产生的辐射强迫对云降水物理过程非常敏感。降水对大气中气溶胶浓度具有重要影响，但与卫星观测相比，模式普遍存在降水发生过于频繁的问题，而改进这个问题又造成了模拟的气溶胶 – 云相互作用产生的辐射强迫过大。这说明许多模式即便模拟的气溶胶有效辐射强迫非常合理，通常也是多方面误差相互抵消的结果[2]。

2.3.2　人类活动对中国地面太阳辐射和地面气温变化的影响

大气气溶胶浓度的变化可能是叠加影响中国地面"变暗"或"变亮"的主要原因（中等信度）。20 世纪 60 年代以来，我国地面太阳总辐射整体呈下降趋势，且与全球地面太阳总辐射变化相一致，经历"先变暗后变亮"的阶段性变化过程。20 世纪 90 年代之前，全国年平均太阳辐射总量呈快速下降趋势，1991 ~ 2005 年"变暗"减弱，2005 年以来表现为一定程度的"变亮"趋势[3]。

人类活动导致的温室气体排放增加是 20 世纪中期以来中国地表气温快速变暖的主要原因（高信度）。IPCC AR6 表明，与 1850 ~ 1900 年相比，2010 ~ 2019 年总的人类活动导致全球地表气温升高的可能范围是 0.8 ~ 1.3℃，其中长寿命温室气体可能贡献了 1.0 ~ 2.0℃。中国经历了比全球平均更快速的增暖，且多数研究的共识是，近百年来中国区域增暖和人类活动影响有密切的关系，人类活动特别是温室气体排放是 20 世纪中期以来中国地表气温快速变暖的主要原因。

1900 ~ 2018 年中国地表平均气温升高范围为 1.3 ~ 1.7℃。1961 ~ 2013 年，观测到的中国地面变暖 1.44℃（90% 信度范围为 1.22 ~ 1.66℃），引起这一变暖的主要贡献因子为包括二氧化碳等在内的温室气体强迫的增加。人为和自然外强迫的联合贡献

为 0.93℃（0.61～1.24℃），其解释了大部分观测到的中国地面变暖。在人为强迫中，包括二氧化碳等在内的温室气体增加对中国地表气温的贡献为 1.24℃（0.75～1.76℃），而其他包括气溶胶在内的人为因子主要起冷却作用，降温的贡献约为 0.43℃（0.24～0.63℃）。自 2013 年"大气十条"实施以来，我国主要大气污染物浓度均出现显著下降趋势，这种下降起主导作用的是污染物排放的大幅削减。减少大气黑碳气溶胶的同时也减少了有降温效应的其他类型气溶胶，其总的效应是贡献了中国地表气温的升高[①]。

2.3.3　人类活动对东亚夏季风环流和中国降水变化的影响

基于模拟结果的人类活动强迫对东亚季风环流和降水的影响仍存在较大的不确定性。观测数据显示，20 世纪中期以来东亚夏季风环流呈现出年代际减弱。观测中的东亚夏季风低层环流的减弱在 CMIP5 全强迫（人为和自然强迫）历史模拟试验中可以得到部分再现，但是响应的强度要远远弱于观测。气溶胶强迫对东亚夏季风低层环流的减弱起到主要作用，并造成中国东部地区夏季降水减少；而温室气体强迫却有利于低层环流的增强，造成中国长江以南大部分地区降水增加、华北地区降水减少。尽管季风环流的变化呈减弱趋势，但是大部分模式全强迫历史模拟试验无法再现中国东部"南涝北旱"型的降水异常格局，尚不能说明人类活动的影响对中国"南涝北旱"的降水格局起到主导作用。在高层，观测中东亚急流偏南现象也可以在全强迫模拟试验中得到部分的再现。自然强迫主要对东亚急流东部的偏南有贡献，而气溶胶强迫主要对东亚急流西部的偏南有贡献。目前，气溶胶影响东亚夏季风环流和降水的研究多基于模式模拟。然而，不同模式间气候对气溶胶强迫的响应仍具有很大差异，因此基于模拟结果的气溶胶强迫对东亚季风的影响仍存在较大的不确定性[②]。

不同外强迫因子对中国降水长期变化的影响具有明显的区域差异，现有研究还没有人类活动对降水影响的共识性结论。由于近 60 年中国区域整体平均降水的变化趋势不明显，在中国区域基本还无法用现有方法检测到人类活动对降水的影响。不同外强迫因子对中国降水长期变化的影响具有明显的区域差异。有研究显示，温室气体是 20世纪 70 年代以后干旱半干旱区降水逐渐增加的主要贡献者，而气溶胶的主要影响使湿润半湿润区降水有较为明显的下降趋势，土地利用和自然外强迫因素也会造成降水呈减少趋势。但另一些研究显示，中国东部降水出现由小雨到强降水的趋势，而这种趋势中人为活动强迫有着重要的影响。人类活动对近 50 年中国东部地区日降水量分布向更高日降水强度的偏移具有可检测和可归因的影响，其中人为气溶胶导致的地表冷却在一定程度上抵消了温室气体强迫导致的水汽输送的增强。部分研究表明，城市化效应对城市总降水量和短时强降雨频率的变化具有可检测的影响（Yan et al., 2016）。但是，当前研究对城市化效应的估计具有很大不确定性，采用不同方法估计的城市化效

---

① 参考第一卷 9.4.3、12.4.1 节。
② 参考第一卷 9.4.2、11.3.1、12.4.4 节。

应存在明显差异[①]。

2.3.4　人类活动对中国极端天气气候事件的影响

从中国区域极端温度长期变化检测归因研究来看，在极端温度频率、强度和持续时间等方面的变化中都可以检测到人为因子的作用（高信度）。有研究利用最优指纹法，检测到了人类活动对中国极端温度变化的影响，也可以分离出自然强迫的作用，对于中国东部区域和西部区域同样可以检测到人类活动对极端温度变化的作用。从中国区域极端温度长期变化检测归因研究来看，在极端温度频率、强度和持续时间等方面的变化中都可以检测到人为因子的作用。人类活动导致的温室气体强迫可能是观测数据中 20 世纪 60 年代以来中国极端温度变化的主要贡献者。温室气体强迫使得中国区域极端暖事件发生更为频繁、强度更强、持续时间更长；而极端冷事件发生频率减少、强度减弱、持续时间缩短。温室气体强迫使得 2013 年夏季中国东部、2014 年春季中国北方、2015 年 7 月中国西北等极端高温热浪事件发生的风险显著增加。

人类活动对中国极端降水变化的影响存在较大不确定性。检测归因研究表明，人类活动使得一些极端强降水事件（如 2015 年汛期中国华南强降水事件、2017 年 6 月中国东南极端强降水事件）的发生概率有所增加。有研究显示，温室气体增加对观测到的 20 世纪 60 年代以来中国日极端降水增加以及中国东部大雨频率增加和小雨频率减少具有可检测的贡献。但也有研究表明，在中国整体区域上无法检测到人类活动对极端降水趋势的显著影响[②]。

2.4　影响中国气候变化的大尺度因子

在全球气候系统内部，大尺度（大陆尺度、洋盆尺度、半球和全球尺度）因子（如季风环流、气候模态等环流系统、海温、海冰、积雪等）可以通过激发环流异常影响中国气候，主要表现为影响气候的年际 – 年代际变化。大尺度因子的变化既有自然波动，也会受气候变暖的影响。年际 – 年代际异常信号叠加在气候变化的序列之上，可造成气候变化的阶段性波动，甚至影响某些气候变量的阶段性变化趋势（表 2-2）。

2.4.1　东亚季风

中国地处东亚，其气候变化和变异受到东亚季风的显著影响。季风异常往往引起旱涝、高温热浪、低温暴雪等极端气候灾害。

① 参考第一卷 12.4.2 节。
② 参考第一卷 12.4.3、12.5.2 节。

表 2-2　主要大尺度因子对中国气候的影响

大尺度因子			对中国气候的影响
东亚季风	夏季风		（1）20 世纪 70 年代夏季风年代际减弱，降水"南涝北旱" （2）20 世纪 90 年代末以后夏季风增强，东部雨带北移，淮河和长江以南降水增加
	冬季风		（1）20 世纪 80 年代中期冬季风年代际减弱，中国冬季气温偏暖 （2）21 世纪初冬季风增强，中国北方气温趋低，南方多低温雨雪冰冻
大气环流主模态与遥相关	北半球	AO	（1）冬季 AO 负位相，中国北方极端低温 （2）春季 AO 正（负）位相，长江中下游降水偏少（多） （3）2000 年后 AO 负位相持续，西南干旱加剧
		NAO	（1）冬季 NAO 正位相，南（北）方春季降水偏多（少） （2）夏季 NAO 正位相，新疆夏季降水偏少
		丝绸之路遥相关	丝绸之路遥相关正位相，北方高温
	南半球	南极涛动（AAO）	（1）冬季 AAO 正位相，华南春季降水偏少 （2）春季 AAO 正位相，长江中下游夏季降水增多
海洋模态	太平洋	ENSO	（1）EP-ENSO 暖位相衰减年夏季，长江以南降水偏多，西北降水偏多 （2）CP-ENSO 暖位相年，长江流域降水偏多，中国南部降水偏少 （3）20 世纪 70 年代后，ENSO 对东亚夏季风的年际影响增强
		西太平洋暖池	20 世纪 90 年代末后西太平洋暖池偏暖，利于江淮夏季降水偏少、华北江南降水偏多
		PDO	20 世纪 90 年代末后 PDO 位于负位相，利于东北夏季降水偏少、华北地区（极端）降水增加
	北大西洋多年代际振荡（AMO）		（1）AMO 正位相，利于东北高温干旱 （2）AMO 负位相/PDO 正位相，长江流域降水偏多，黄淮干旱少雨
	印度洋海盆一致增暖模态		印度洋海盆一致增暖模态偏暖时，西北太平洋台风生成数量减少
	北极海冰		（1）秋季海冰减少易导致冬季极端低温事件发生 （2）秋季北极海冰减少易加重中国东部霾污染 （3）春季北极海冰减少加剧东北夏季干旱
	青藏高原积雪		青藏高原积雪于 20 世纪 70 年代由贫转丰，影响中国东部降水模态
	欧亚大陆积雪		（1）春季融雪偏少（多），东北夏季气温偏低（高） （2）秋季积雪偏多，华北冬季霾污染加重 （3）冬季积雪减少，南方（西北）冬季降水偏少（多）

在全球变暖背景下，东亚夏季风呈现显著的年代际变化特征。东亚夏季风始于南海夏季风爆发。自 1994 年以来，南海夏季风爆发提前半个月左右；而南海夏季风的撤退在 1951～2016 年表现出偏晚的趋势，特别是在 2005 年以后呈现出明显偏晚的特征；爆发的提前和撤退的偏晚导致南海夏季风盛行期呈现出延长的趋势（高信度）。东亚夏季风强度在 20 世纪 70 年代末出现年代际减弱，造成中国东部降水模态发生转变，呈现"南涝北旱"的分布特征（高信度）。20 世纪 90 年代末以后，东亚夏季风强度有所

增强，对应中国东部雨带北移，淮河流域降水明显增多，长江以南降水有所增加（中等信度）。中国东部夏季气温也随着东亚夏季风推进和降水分布而改变。东亚夏季风也可影响到我国西北东部地区的降水，强夏季风年夏季风西北影响区汛期降水偏多。东亚夏季风的年代际变化与气候系统内部变率，如太平洋年代际振荡（PDO）和北大西洋多年代际振荡（AMO）的位相变化以及亚洲大陆与周边海洋非均匀热力变化等有关（高信度），人为外强迫在其中也起着一定作用（高信度）。受全球变暖的影响，东亚夏季风与南亚夏季风的相互作用在 20 世纪 70 年代末出现显著的年代际减弱变化，这与 AMO 变化导致的亚欧大陆对流层高层中纬度波列（绕球遥相关型）的年代际减弱有关，也与 ENSO 和 PDO 的相互作用，以及热带西太平洋 – 印度洋海温纬向梯度的年代际变化有关（中等信度）[1]。

　　在全球变暖背景下，东亚冬季风强度、年际变率的振幅以及季节内变率均发生明显的年代际变化。20 世纪 80 年代中期后，东亚冬季风强度减弱、年际变率减弱，西伯利亚高压在前冬和后冬的反相关关系增强，高纬度的冷空气活动减弱，我国冬季气温普遍偏暖，特别是我国东部和北部地区出现持续多年的暖冬，西北地区冬季降水增多；21 世纪初，东亚冬季风强度增强、年际变率增大，西伯利亚高压在前冬和后冬的反相关关系减弱，高纬度冷空气活动增强；我国北方地区冬季阶段性寒冷事件增多，南方地区多低温雨雪冰冻（高信度）。从长期来看（1961 年以来），西伯利亚高压的强度并没有明显的趋势性变化，而是表现为明显的年代际 – 多年代际振荡的特征（高信度）。20 世纪 70 ~ 90 年代初，西伯利亚高压呈现减弱的趋势，而后逐渐增强，这也导致了近一二十年来我国冬季风有增强的趋势，冷事件频发（高信度）[2]。

2.4.2　大气环流主模态与遥相关

　　气候模态（包括大气遥相关型）在气候系统变化中发挥着重要作用，也深刻影响着全球和中国区域气候变化。不同遥相关型的配合也可以引起中国不同区域的气候异常，同时各类遥相关型与中国气候之间的关系存在年代际变化。

　　北极涛动（AO）通过调制北极地区近地面冷空气活动、西伯利亚高压强度、急流等影响中国冬季气候的异常变化。AO 负位相往往对应东亚冬季风偏强。21 世纪以来，中国北方极端低温事件的发生与 AO 负位相和东亚冬季风北方模态加强相对应。中国西南地区在 2000 年以来的干旱加剧与 AO 由正位相向负位相的年代际转变也有关联。AO 还与东亚夏季降水具有密切关系。在年际尺度上，5 月 AO 指数偏高时，夏季长江中下游到日本南部的降水偏少，反之则偏多[3]。

　　北大西洋涛动（NAO）对中国气候异常具有显著影响。冬季 NAO 正位相时，春

---

① 参考第一卷 11.2、11.3.1、11.3.4 节。
② 参考第一卷 3.6.1、11.4 节。
③ 参考第一卷 10.2.3、10.3.4、10.4.2 节。

季南方地区降水偏多，北方地区降水偏少。夏季 NAO 正位相时，西亚西风急流偏北偏强，新疆夏季降水偏少。三江源地区的夏季旱涝与 NAO 的联系在近 30 年显著增强。NAO 位相的转变还可以引起海陆热力差的变化，进而影响中国西北干旱与半干旱区的干湿变化[①]。

夏季丝绸之路遥相关型（欧亚大陆上空对流层高层自西向东的遥相关型）在 20 世纪 90 年代中后期由负位相转为正位相，这与中国北方地区持续性高温事件增多具有密切联系，对西北半干旱与干旱区气候变化也具有重要影响。丝绸之路遥相关型的年代际变化可能与 AMO 及北太平洋海温变化有关[②]。

南极涛动（AAO）作为南半球赤道外地区气候变率的主要模态，不仅造成南半球中高纬度气候异常，而且对北半球许多区域的气候具有显著影响。在全球气候变化背景下，AAO 自 20 世纪 50 年代以来表现出显著的正趋势，这种变化趋势引起了全球多个区域气候变化的响应。当春季 AAO 为正位相时，后期东亚夏季风减弱，造成中国长江中下游夏季降水增多。冬季 AAO 可以影响春季华南降水，两者存在显著的负相关关系。AAO 变化还调节着西北太平洋热带气旋活动[③]。

2.4.3 海洋模态

太平洋、印度洋和大西洋地区的海温变化可以通过大气桥与海洋通道相互联系和相互作用，也可以通过海气相互作用影响中国气候变化和变异。大洋关键区热力状态异常往往导致中国出现旱涝、热浪、低温暴雪等极端气候灾害。

ENSO 是影响中国气候变化的显著年际信号，其形态呈现明显的年代际变化。20 世纪 80 年代以来，ENSO 事件的增暖位置由原来的热带东太平洋向西移动到热带中太平洋，即中太平洋增暖型 ENSO 事件发生频率显著增加。中太平洋型的增暖事件（CP-ENSO 暖位相）与传统的东太平洋型增暖事件（EP-ENSO 暖位相）对东亚夏季风的影响具有显著差异。东太平洋增暖型的 El Niño 衰减年的夏季，中国长江流域及以南区域降水偏多；中太平洋增暖型 El Niño 易造成江淮流域降水偏多，而中国南部地区降水偏少[④]。CP-ENSO 暖位相还有利于西北太平洋地区热带气旋生成偏多[③]。

年代际时间尺度上，ENSO 与东亚夏季风的年际关系存在显著的年代际变化。20 世纪 70 年代末期以后，ENSO 对东亚夏季风的年际影响显著增强（中等信度）。ENSO 暖事件激发的西北太平洋反气旋环流在 70 年代末期以后强度变强范围增大，导致东亚夏季降水异常显著。PDO 对 ENSO 与东亚夏季风的关系有显著调制作用。在 PDO 负位相下，ENSO 与东亚夏季风相关性较弱，而在 PDO 正位相下，两者相关关系增强。ENSO 和 PDO 也分别影响黄土高原及其周边地区干湿的年际和年代际变化；ENSO 和 PDO 位于暖位相时，降水偏少、气候偏干。20 世纪 90 年代末 PDO 由

---

① 参考第一卷 10.4.2 节。
② 参考第一卷 10.2.3 节。
③ 参考第一卷 10.5.3 节。
④ 参考第一卷 11.1.3 节。

正向负的位相转变可导致东北地区降水减少、华北地区降水和极端降水有所增加[①]。

西太平洋暖池热状况对东亚地区气候具有显著影响。热带西太平洋海温偏高时，菲律宾附近的对流活动增强，使得西太平洋副热带高压偏北，我国江淮流域夏季风降水偏少，而华北和江南地区降水偏多。20 世纪 90 年代末以来西太平洋海温偏暖，对流增强，有利于江淮流域夏季降水减少，而华北和江南地区降水偏多。中国西北地区在整个 20 世纪总体偏干，但区域平均降水在 80 年代中期发生突变，降水量增加。伴随着西北干旱在 80 年代末之后的年代际突变，影响其降水的海温关键区由 80 年代末之前的热带印度洋变为印太交汇区[②]。

印度洋增暖与 El Niño 关系的年代际加强有利于 ENSO 与东亚夏季风的关系加强。20 世纪 70 年代后期以来，印度洋海盆一致增暖模态与 El Niño 有很好的关系，El Niño 通过大气桥过程、海洋动力和局地海气相互作用过程使得印度洋的暖海温从 El Niño 的盛期一直持续到衰减期的夏季。在该过程中，印度洋将 El Niño 信号存储起来并在夏季时影响东亚夏季风（高信度）。印度洋海盆一致增暖模态增暖所激发出的大气开尔文波可以在西北太平洋诱发出反气旋异常，抑制局地对流，使西北太平洋台风生成数量减少[③]。

AMO 位相转变显著影响中国气候的年代际变化。20 世纪 90 年代末，AMO 转为正位相，北大西洋的暖异常有利于激发出向东传播的 Rossby 波列和沿大圆路径经过极地传向东亚的波列，在东北上空引发反气旋环流异常和位势高度正异常，造成我国东北地区高温干旱事件的发生。PDO 和 AMO 不同位相组合对江淮地区降水和干旱的年代际变化也有显著影响。当 PDO 为正位相、AMO 为负位相时，长江流域降水偏多、黄淮之间干旱少雨；当 PDO 和 AMO 同为负位相时，长江流域降水偏少，易引发干旱[④]。

2.4.4　北极海冰和青藏高原积雪

北极海冰的快速减退和北极温度的快速升温不仅影响北极的气候与生态环境，而且通过复杂的相互作用和反馈过程，调制中国区域气候的年际 – 年代际变化。北极巴伦支海 – 喀拉海是影响中国冬季气候的关键海域之一，该海域冬季海冰偏少（多），东亚大槽和西伯利亚高压则偏强（弱），东亚冬季风偏强（弱），入侵中国的冷空气偏多（少）。夏秋季节北极海冰偏少与后期冬季大气环流和气候变化也有密切关系。20 世纪 80 年代后期以来，秋季北极海冰减少以及北冰洋和北大西洋海温升高，欧亚大陆北部冬季气温呈现降温趋势，导致近年来欧亚大陆频繁出现极端低温事件。秋季北极海冰减少还可造成中国东部霾日数增多（高信度）。北极增暖与海冰减少也通过改变北半球经向气压和温度梯度以及激发遥相关波列等，影响东亚夏季风和降水。北极春季海冰在 20 世纪 90 年代初出现的显著变化可能是东亚夏季风增强的原因之一。春季北极海冰减少还通过影响贝加尔湖高压以及欧亚大陆积雪等，加剧东北夏季干旱。前期春季

---

① 参考第一卷 2.3.2、10.4.2、11.3.3 节。
② 参考第一卷 10.4.1、10.4.2、11.3.3 节。
③ 参考第一卷 10.5.3、11.3.3 节。
④ 参考第一卷 10.2.1、10.4.2 节。

北极海冰能够显著影响与华北臭氧相关的气候条件，进而与夏季华北的臭氧污染表现出密切的联系（中等信度）（Yin et al.，2019）[①]。

青藏高原的冬春积雪是影响东亚夏季风年代际变化的重要强迫因子。青藏高原热力强迫和动力作用对东亚季风和气候具有重要影响。自19世纪50年代起青藏高原呈现变暖趋势，19世纪50年代至20世纪90年代的百年温度上升趋势达0.6℃/100a以上，其中1920年以后增暖更为迅速，上升趋势达0.9℃/100a左右，均略高于同期的全国平均水平。在此背景下，青藏高原冬季积雪在20世纪70年代呈现由贫到丰的显著变化，与中国东部降水模态的转变相关性很好。20世纪90年代末以后，青藏高原冬季降雪显著减少，青藏高原显著增温，与此同时，热带中东部太平洋海温有所下降，最终使得海陆热力差异在春夏季有所增强，造成了东亚夏季风北进且增强。但目前两者之间的作用过程仍需进一步研究，而且对于20世纪90年代东亚夏季风转型也还存在争议[②]。

2.4.5 欧亚大陆积雪

欧亚大陆积雪通过影响反照率和水分而激发大气异常响应，进而引起中国气候的异常变化。20世纪90年代末之后，欧亚大陆高纬度地区冬季积雪减少（中等信度），导致中国东南部及周边海域对流层低层出现东北风异常，使得来自热带海洋的暖湿气流在南海和菲律宾海上空受阻，造成中国南方冬季降水偏少，但却使得西北地区产生东风异常，导致西北降水增多。欧亚大陆融雪量也显著影响东北气温。20世纪80年代末以前，欧亚大陆中高纬度春季融雪量偏少，对应着东北夏季温度偏低；80年代末以后，春季融雪量偏高，东北夏季温度偏高。东欧–西西伯利亚地区秋季积雪范围与华北冬季霾污染之间也存在显著联系（中等信度），且该关系在20世纪90年代后期开始加强（Yin and Wang，2018）[③]。

2.5 气候变化对社会经济系统的影响

气候变化已经对中国自然和社会系统不同领域和部门产生了不同程度的影响，本节主要从气候变化对中国社会经济系统的影响程度和影响的区域差异两方面进行了综合评估。

2.5.1 气候变化对中国社会经济系统的影响程度

气候变化已经对中国不同产业部门、重大工程、人居环境以及人群健康产生了不同程度的影响（图2-12），且随着气候变暖的持续，影响的领域和影响的范围在扩大，

---

① 参考第一卷5.3.1、9.3.1、10.2.3、10.4.2、11.3.1节。
② 参考第一卷2.3.3、11.3.1节。
③ 参考第一卷6.1.2节。

影响的强度在增加。

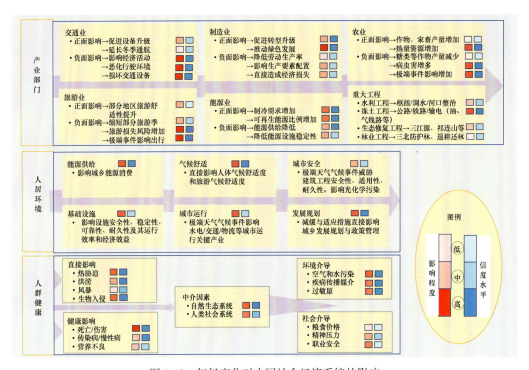

图 2-12 气候变化对中国社会经济系统的影响

据第二卷 6.2 ~ 6.5、7.2 ~ 7.5、8.2 ~ 8.4、9.2 ~ 9.4、10.2 ~ 10.4 节

　　交通运输业是我国受气候变化影响较为突出的行业之一，雷雨、大暴雨、暴风雪、大风、台风、雾霾、沙尘暴等极端天气影响尤其突出（高信度）。气候变暖导致中国强降水、高温和干旱事件更加频繁，影响公路、铁路和航空的正常运行，导致交通延误，甚至产生交通中断，一些地面设施和交通运输设备会受到极大的破坏，对交通产生巨大的不利影响。但气候变暖有利于活跃高寒地区经济社会活动，使出行增加、物流增长。中国是世界上热带气旋登陆最多、灾害最重的国家之一，平均每年登陆 7 ~ 8 个。热带气旋破坏交通、通信和能源等生命线工程，影响非常严重。热带风暴的增加使得公路、铁路、航海和航空运输出现更频繁的中断，大量的基础设施发生故障。2008 年 1 月中下旬，长江流域及其以南地区大范围的持续低温造成的冰冻雨雪灾害是 50 年一遇的灾害事件，强度与持续时间均出现了历史上的极端值，先后造成 38 个机场短时或长期关闭，地面交通基本瘫痪[①]。

　　气候变化对中国制造业的影响巨大，对钢铁、有色金属、建材、石化、化工和电力六大行业的影响显著且深远（高信度）。气候变化对制造业的影响十分明显，到 21 世纪中叶，如果不采取适应性措施，气候变化将导致中国制造业年产出减少 12%。高

---

① 参考第二卷 7.3 节。

温会导致实物资本的生产效率下降，如降低机械部件之间的润滑性能。基于 1998～2007 年中国 50 万个制造业企业层面数据发现，日平均气温（尤其是在 >32℃的高温天气下）与制造业企业全要素生产率呈现倒"U"形关系。另外，为了应对气候变化，气候政策的实施不可避免地导致制造业的行业结构和规模发生变化。根据中国《工业领域应对气候变化行动方案（2012 — 2020 年）》报告，钢铁、有色金属、建材、石化、化工和电力六大行业占工业化石能源燃烧 CO_2 的 71% 左右。除此之外，工业生产过程中 CO_2、N_2O、含氟气体等温室气体排放占全国非化石能源燃烧温室气体排放的 60%以上，CO_2 排放占全国 CO_2 排放的 10% 左右。为了提升应对气候变化能力，实现低碳发展，钢铁、石化、建材、有色金属等行业产能规模将进一步控制和压缩。同时，新能源、新材料、信息、节能环保、生命科学等新兴科技产业领域将得到快速发展。气候变化同样影响着消费需求，如对冬令商品的需求下降，对夏令商品及节能、节水、节材和环保产品的需求增加 [1]。

气候变化使热量资源增加，降水空间分布改变，极端气候事件频发，改变了水热条件，在一定程度上加速了生物入侵的速度，对我国的农业产生了以负面影响为主的重大影响（高信度）。气候变化对农业的正面影响表现在以下几个方面：①≥ 10℃的积温增加以及降水量增多，使无霜期延长，喜温作物的生长期延长，适宜种植区扩大，种植界线向北、向高海拔扩展，从而使农作物的产量和种植制度发生改变。例如，基于省级统计数据，1961～2010 年气温升高使中国单季稻产量增加了 11%；降水变化使单季稻产量增加了 6.2%，同时使中国水稻产量重心向东北迁移约 3 个纬度。②海水变暖，一方面暖水性鱼类从低纬度向高纬度海区迁徙，使寒冷地区可养殖的鱼类的丰富度升高；另一方面，台湾暖流和中国陆地沿岸南下寒流的强度变化使寒暖流交汇处的海水搅动强度发生变化，从而使东海海鱼种类和组成发生变化，捕获鱼类的丰富度升高。气候变暖使降水时空分布发生改变，与 CO_2 浓度升高共同产生作用，改变饲草和农作物生长的水分条件，促进光合作用的施肥效应，从而引起草场面积和覆盖率的变化，影响牲畜存栏数和出栏数，最终使畜产品和农作物的产量发生变化。气候变化对农业的负面影响主要表现在以下几个方面：①对玉米、薯类、油料作物、糖料作物、林果与蔬菜的产量有不利影响，如气候变暖将导致中国大部分地区花生生育期缩短，单产下降（高信度），21 世纪中叶以后花生减产幅度显著增加。②气候变暖使极端天气气候事件频发，极端气温事件和极端降水事件增多使农作物和畜产品的产量和品质降低。例如，近 10 年来，我国雪灾呈现逐年增加的趋势，其中内蒙古、青海、新疆等草原区域受灾较为严重。③全球气温升高也在一定程度上加速了生物入侵的速度，一些媒介昆虫的入侵，间接造成了农作物病害的大暴发。Q 型烟粉虱最近几年在我国多数省份成为棉花、蔬菜等农作物的优势害虫，其引起的番茄黄化曲叶病毒在我国广大地区暴发成灾，导致农作物大面积受害。松材线虫的入侵使其他有害生物易于从伤口感

[1]　参考第二卷 7.5 节。

染松树，间接造成了松树的大面积死亡。克氏原螯虾携带的病原体，造成中华绒螯蟹和青虾发生疾病的交叉感染，引起大规模的水产损失。红火蚁的入侵使藿香蓟的密度明显增大，而藿香蓟也是一种入侵植物，由此形成了外来昆虫和外来植物的协同入侵，产生了复合损失（张润志等，2016；鞠瑞亭等，2012）。冬季变暖又提高了有害生物的越冬存活率与基数，使病虫害的发生提早，危害期延长，繁殖世代增多，最终影响粮食产量。国家统计局数据显示，2003 ~ 2014 年中国森林病虫害发生面积以 16 万 hm^2/a 的速率增加。20 世纪 90 年代末以来病虫害事件高发，全国每年农作物病虫害发生面积都在 3 亿公顷次以上，1988 ~ 2012 年以约 852 万公顷次 / 年的速率增加。2006 ~ 2015 年的 10 年间，玉米螟呈持续增加趋势；黏虫在 2011 年之前发生情况较轻，2012 年在东北、华北和黄淮多地大面积暴发，2013 年之后发生情况加重；大斑病、小斑病和玉米锈病近几年也呈加重趋势 [①]。

极端天气气候事件的增加对旅游的影响日益突出（高信度）。旅游业是严重依赖自然资源、生态环境和气候条件的产业，气候变化通过极端天气气候事件与气候要素的变化影响着我国旅游业。极端天气气候事件发生频率增加、影响范围扩大、影响持续时间延长，导致旅游业损失增加。例如，受 1998 年特大洪水影响，全国入境旅游损失 29.9×10^4 人次；受 2008 年雪灾影响，广东、江苏客流量损失分别达到 11.7×10^4 人次和 5.6×10^4 人次；2016 年，武汉连续强降水天气导致武汉旅游业损失达到 2000 万元，仅门票损失就高达 500 万元。同时，气候要素的变化直接影响旅游季节的长短、旅游舒适度、客流量的年内变化和空间分布，而这些要素的确定很大程度上依赖决策者对前一年物候的经验，旅游决策者在响应物候变化和气候变化时存在的滞后性说明人们缺乏有效工具或有效手段对气候变化做出及时的反应。这些滞后性直接导致了时令旅游达不到预期的效果，不仅造成旅游资源的浪费，也影响到时令旅游的经济收益。气候变化同样导致旅游资源与市场需求发生明显改变，避暑旅游需求迅猛增加，冰雪旅游适宜时间缩短或向更高纬度与海拔转移。气候变化还使自然物候与气象景观发生改变，旅游部门必须及时调整观赏项目的时间、场所与内容，以捕捉商机 [②]。

气候变化对中国能源系统（能源开发、输送、供应及用户端等）有着广泛的影响（高信度）。随着全球变暖，中国冬季取暖能耗降低，而夏季制冷能耗会明显升高，总体能源的需求会呈现上升趋势。发展可再生能源是中国应对全球气候变化的重要举措，其中风力发电和太阳能发电与天气气候条件紧密相关。中国风能和太阳能资源丰富，远远超过 2050 年中国风电和光电发展对资源的需求，气候变化导致的风速减小（1961 ~ 2017 年全国平均风速大约每 10 年减小 0.13m/s）和总辐射减小 [1961 ~ 2017 年陆地表面接收到的年总辐射量平均每 10 年减少 10.7kW·h/m^2] 对风电和光电开发的影响不大。但是，气候变化导致的风能和太阳能在不同时间尺度和有些区域的波动对电力供

① 参考第二卷 6.2 ~ 6.5 节。
② 参考第二卷 7.2 节。

应有潜在影响，由此还会产生对能源储备需求的影响。极端天气气候事件还会引起风电和光电供应急剧变化，威胁到电网的安全运行，因此需要加强电网安全的气候风险评估和预估。极端天气气候事件还严重威胁能源生产与输电设施的安全，如2008年初的冻雨引起大量高压线塔倒塌，导致南方大面积长时间停电。同时，工业、建筑、交通是我国主要终端用能部门，应对气候变化的低碳转型过程也会影响到以上各部门的能源利用状况，而社会公众能源消费理念和生活方式同样会受到影响，最终需要政府规制性措施与市场机制相结合，推进应对气候变化战略的实施（清华大学气候变化与可持续发展研究院，2020）[①]。

气候变化对水利工程影响较大，对水库调配、调水工程用水、灾害对工程威胁的风险不断增加（中等信度）。在气候变化条件下，来水量增减的不确定性给三峡库区的水资源综合管理提出了更高的要求；库区周边未来极端天气气候事件的发生频率及强度可能增大，突发泥石流、滑坡等地质灾害的概率可能增加，从而对水库管理、大坝安全以及防洪等工作带来不利影响。南水北调中线工程水源区与受水区同旱概率增加，实现供需平衡的压力较大。气候变化有利于缓解西线受水区缺水问题，对引水区可调水量综合影响可能不大；可改变受水区、工程水体的生态平衡，有利于解决地下水污染、地面沉降、海水入侵等问题；对建设区地表的植被和土壤生态系统造成一定破坏；有利于增加水源区的水体生态系统服务价值；长江上、下游的生态环境受南水北调工程的影响总体呈现脆弱性增加、风险增大的趋势。近500年来，南水北调工程水源区旱年出现概率呈先减少后增加趋势，20世纪以来水源区干旱年出现的概率处于历史高位，达31.7%，受水区淮河流域的调水保障概率最高，达87.3%，唐白河流域调水保障概率最低，为78.4%。20世纪以来，各流域与水源区同旱概率均处于历史高位。汉（汉江流域）–唐（唐白河流域）、汉–海（海河流域）持续同旱概率高于汉–淮（淮河流域），秋汛期（9～11月）是调水最有利的时段[②]。

气候变化对多年冻土区工程的影响日益增加，风险增大（高信度）。气候变化和工程作用引起了多年冻土普遍退化，冻融灾害显著增加，影响冻土区工程稳定性和安全运营。例如，青藏铁路普通路基下部冻土变化显著，冻土路基变形显著增大。在高温高含冰量冻土区，块石结构路基可以适应气温升高1℃的冻土变化影响；在低温多年冻土区，块石结构路基可适应气温升高1.5℃的冻土变化影响。气候变化诱发的热融滑塌和冻土滑坡增多，影响青藏铁路工程稳定性的风险增大，气候和工程热扰动已经对桥梁及路桥过渡段产生了较大的影响。对总长220km的164座桥梁的调查的结果显示，83%的路桥过渡段发生了显著的沉降变形，平均沉降量达70mm。对青藏直流联网工程沿线120个冻土区塔基天然场地地温状况监测表明，114个监测孔中6m深度年平均地温呈升高趋势，仅6个监测孔地温呈降温趋势。地温升温速率最高达到0.22℃/a，

① 参考第二卷7.4节。
② 参考第二卷10.2节。

平均升温速率为 0.06℃/a，目前已经发生的地温升温速率明显高于预测值[1]。

气候变化与生态工程相互作用，降水变化对生态工程具有主控作用（高信度）。三北防护林工程、全国防沙治沙工程、天然林保护工程、退耕还林还草工程、黄土高原水土保持工程、西南石漠化治理工程和京津风沙源治理工程等一系列重大林业工程实施后，土地荒漠化和水土流失明显好转，呈现整体遏制、持续缩减、功能增强、成效明显的良好态势。气候变化引起了三北防护林工程区气温和降水的变化，三北防护林工程区的西部、中部和东部表现出不同的植被覆盖增加。植被覆盖增加与降水增加的空间差异显著，生态恢复活动是导致东部和中部植被覆盖增加的主要因素[2]。

气候变化对城镇人居环境带来的各种影响在不断显现，干旱、极端高温热浪、暴雨、城市内涝、风暴潮等极端天气气候事件会直接影响城镇水、电、气等生命线的安全供给以及基础设施的安全运行（高信度）。对我国特大城市的研究表明，热岛强度伴随改革开放后城市化开始而增强，市区高温日数多于近郊和远郊，进入 21 世纪后城市化进程加速，出现了由热岛"单核"向热岛群和多热岛中心的转变；对长江三角洲、珠江三角洲等大都市区的研究表明，城市化使强降水事件（量）增多，弱降水事件（量）减少，降水两极分化，极端性趋强，城市及周边降水落点的分布也被城市冠层显著改变，城市中心及其下风区的夏半年降水强度加大；在城市降水强度以及频率加大的同时，城市温度升高也意味着水汽含量不变时饱和水汽压增加，从而使城区相对湿度减小，地表水汽显著减少，城市变干。气候变化影响城镇气候环境舒适性，引起居住和生活条件恶化，从而对城镇居民的生活舒适性和幸福感带来不利影响（中等信度）。气候变化对绿色城镇建设的政策制定、减缓和适应气候变化的城镇规划建设措施的执行等均会产生一定的影响（中等信度）[3]。

大气污染、极端天气以及与极端天气伴随的水体和食物污染是呼吸、循环、泌尿等多个系统疾病发生的重要诱因（高信度），外来物种入侵也对人群健康有重大的影响（中等信度）。目前认为对人体健康有危害的主要大气污染物包括颗粒物（$PM_{2.5}$、PM_{10}）、硫氧化物、氮氧化物、臭氧及碳氧化物，这些空气质量因子常作为评价环境空气质量的参考指标。一项在全国 272 个城市进行的 Meta 回归分析显示，随着城市水平年平均温度的下降，臭氧与每日总死亡人数的关系更强。城市年平均温度每降低 10℃、臭氧日浓度每增加 10μg/m³ 引起的每日人口总死亡率将额外增加 1.4%（95%CI：0.02%~0.25%）。极端天气洪涝、干旱、台风可直接造成各种伤残和死亡，并通过造成水体污染与食物短缺等间接增加水源和食源性疾病风险。以 2013~2015 年这一时段为例，我国最适宜的平均气温，也就是非意外死亡率最低的平均气温是 22.8℃，比该气温低或者高的状态都伴随着非意外死亡率的升高（Chen et al.，2018）。高温与低温对死亡的影响有所不同，低温影响持续时间较长，而高温影响一般仅持续 1~3 天。以最低死亡

---

① 参考第二卷 10.3 节。
② 参考第二卷 10.4、10.5 节。
③ 参考第二卷 8.2~8.4 节。

率气温百分位数为参照，我国人群死亡率在极端低温下（小于日气温的第1个百分位数的气温）增加22%、在极端高温下（大于日气温的第99个百分位数的气温）增加腹泻、肺结核等疾病的发生风险。台风过后，5岁以下儿童更容易发生感染性腹泻。对2009～2013年广东6岁以下儿童受不同等级台风及其伴随的降水和风速对手足口病的影响评估的结果显示，热带风暴可增加3岁以下儿童，以及3～6岁男童患手足口病的风险；台风期间降水量在25～49.9mm或100mm以上是儿童患手足口病的危险因素；极端风速达到13.9～24.4m/s对儿童健康有不利影响。而气候变暖造成的血吸虫宿主活动范围的北扩，同样对相关地区的人群健康构成威胁。外来生物入侵除了导致严重的经济损失外，也对人类健康造成威胁。例如，豚草可产生大量的花粉，引起过敏和哮喘等并发症，在我国部分地区引发了居民的呼吸道疾病（鞠瑞亭等，2012）[①]。

2.5.2 气候变化对中国社会经济系统影响的区域差异

气候变化已经影响到中国七大行政区的农业、交通业、旅游业、人居环境、人群健康、能源业、制造业、冰雪产业以及重大工程等主要部门和领域（图2-13）。

东北地区受气候变化影响的程度和对气候变化的敏感程度都高的部门和领域有农业、冰雪产业、能源业（高信度），旅游业（高信度）和制造业（中等信度）次之；人群健康和交通业受气候变化影响的程度较高但对气候变化的敏感程度较低（中等信度），重大工程受气候变化影响的程度较低但对气候变化的敏感程度高（高信度）。东北地区的粮食产量居全国首位，农业发达；寒冷的气候使冰雪资源丰富，冰雪产业和相关的旅游业发达；水路、陆路和航空运输便利，交通业发达；可供开发利用的煤炭、石油和水能资源等丰富，能源业发达；有沈大、长吉和哈大齐工业带，制造业发达；形成了辽中南城市群和哈长城市群，人群健康受到关注；东北西部地区分布着农、林、牧协调发展的防护林体系，约占三北地区总面积的13.9%。1961～2018年，东北地区的气候显著变暖，平均气温上升了0.29℃/10a，呈现暖干化趋势。东北地区的农业、冰雪产业、能源业、旅游业和制造业是该地区最具特色且最发达的产业。水热条件改变、冬夏气温升高和径流量及水资源的减少，导致农作物生长条件改变，冰雪融化加快，湿地植被退化，冬季供暖消耗减少，夏季制冷消耗增加，从而对该地区的农业、冰雪产业、旅游业、能源业和制造业带来较大的影响。东北地区人口较密集、经济较发达，人群健康和交通业对气候变化也较敏感。伴随极端高温的空气污染事件增多，对该地区的人群健康的不良影响增大。气温的升高使雾和大风日数显现减少趋势，从而有利于交通出行。气候暖干化以及多年冻土的区域性退化对经过东北地区的三北防护林工程以及中俄输油管道工程有一定程度的影响，且东北地区的这些重大工程对气候变化较敏感[②]。

---

① 参考第二卷9.2、9.3节。
② 参考第二卷第11章执行摘要，第二卷22.4.1节。

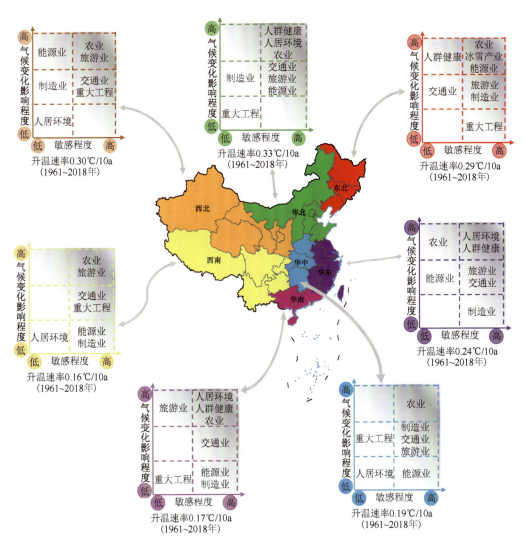

图 2-13　中国不同区域受到气候变化影响的主要领域及其程度和敏感程度

据第二卷的第 11～17 章、第 19 章、第 20 章、第 22 章和《中国气候变化蓝皮书（2019）》绘制

　　华北地区受气候变化影响的程度和对气候变化的敏感程度都高的部门和领域主要是人居环境、人群健康和农业（高信度），交通业、旅游业和能源业次之（高信度），制造业和重大工程受气候变化影响的程度及其对气候变化的敏感程度都较低（中等信度）。华北地区主要为温带季风气候，地势平坦，农业发达；拥有世界级的京津冀城市群，人群健康和人居环境备受关注；拥有我国北方最大的综合性工业基地京津唐城市群，制造业发达；海陆空交通便利；旅游景点不计其数；临近山西能源基地，有连接东北和华北油田的输油管道，能源业发达；华北北部地区分布着以防风固沙林和水源涵养林为主的防护林体系，约占三北地区总面积的 3.9%。1961～2018 年，华北地区的气候显著变暖，平均气温升高了 0.33℃/a，极端高温事件和极端强降水事件的风险

显著增大，使与之伴随的空气污染事件、洪涝灾害增多，从而对华北地区关键的社会经济部门和领域——农业、人居环境、人群健康、交通业、旅游业、能源业和制造业带来大的影响；华北地区占地少的三北防护林也受气候变化影响，但其敏感程度低且受气候变化的影响相对较小[①]。

西北地区受气候变化影响的程度和对气候变化的敏感程度都高的部门和领域主要为农业和旅游业（高信度），交通业和重大工程次之（高信度），能源业和制造业受气候变化影响的程度较高，但对气候变化的敏感程度相对较低（中等信度）；人居环境受气候变化影响的程度和对气候变化的敏感程度都低。西北地区的灌溉农业和畜牧业发达；风能、太阳能、天然气和石油资源非常丰富，能源业发达；矿产资源丰富，相关工业制造业发达；人文和自然景观的景点不计其数，旅游业发达；是丝绸之路、兰新铁路与欧亚大陆桥的必经之地，交通业发达，建设着以防风固沙林为主的综合性防护林体系，约占三北防护林的 82%。但西北地区干旱缺水、经济发展滞后，人居环境较差。1961～2018 年，西北地区的平均气温升高了 0.30℃/10a，气候暖湿化。西北地区社会经济的关键领域——农业、旅游业、交通业和重大工程对气候变化非常敏感。同时，因极端水文事件增多增强，这些经济领域受气候变化的影响也大。高温使冬季供暖需求减小、夏季制冷需求增大，对能源业和制造业都有较大的影响；空气污染程度也伴随高温加重，从而对人居环境有一定的影响[②]。

西南地区受气候变化影响的程度和对气候变化的敏感程度都高的部门和领域主要为农业和旅游业（高信度），交通业和重大工程次之（高信度）；能源业和制造业受气候变化影响的程度较低但对气候变化的敏感程度较高（中等信度），人居环境受气候变化影响的程度和对气候变化的敏感程度都相对较低（中等信度）。西南地区主要为亚热带季风气候和高原山地气候，种植业和牧业发达；生物资源丰富，旅游业发达；铁路、公路和航空交通运输便利，交通业发达；青藏铁路、三峡水库和三江源生态建设工程等重大工程分布在该地区；矿产资源和能源资源丰富，制造业和能源业发达。1961～2018 年，西南地区的平均气温升高了 0.16℃/10a，气候呈现暖湿化趋势。该地区的农业、旅游业、交通业和重大工程对水热条件改变以及冰川和冻土的退化很敏感，且受其影响大。在气候本来就温暖的西南地区，气候变暖能轻易地加大能源业和制造业的成本，因此该地区的能源业和制造业对气候变暖很敏感。西南地区气候温和、环境优美、人居环境好，其受该地区气候变化的影响小[③]。

华中地区受气候变化影响的程度和对气候变化的敏感程度都高的部门和领域是农业（高信度），制造业、交通业和旅游业次之（高信度），重大工程受气候变化影响的程度中等但对气候变化的敏感程度较低（中等信度），能源业受气候变化影响的程度较

① 参考第二卷第 12 章执行摘要，第二卷 22.4.1 节。
② 参考第二卷第 17 章执行摘要，第二卷 22.4.1 节。
③ 参考第二卷第 19 章执行摘要，第二卷 20.1、22.4.1 节。

低但对气候变化的敏感程度高（低信度），人居环境受气候变化影响的程度和对气候变化的敏感程度都相对较低（中等信度）。华中地区主要为温带季风气候和亚热带季风气候，雨热充足且同期，农业发达；矿产资源丰富，工业制造业基础雄厚；水陆空交通便利，是中国的交通中心，交通业发达；历史文化厚重，旅游景点不计其数，旅游业发达；动力资源呈北煤南水分布，并具有一定数量的煤炭、石油、天然气及核资源，能源矿产、石油、煤炭和天然气储量居全国前列，能源业较发达；南水北调中线工程核心水源和工程渠首所在地在华中地区。1961 ~ 2018 年，华中地区的平均气温升高了 0.19℃/10a，气候呈现暖干化趋势。该地区的农业、旅游业、交通业和制造业对高温、频发的干旱和洪涝等灾害，水资源时空分布不均，草地严重退化以及河川径流减少很敏感，且受其影响大。气候变暖引起径流量减少，虽然对南水北调工程影响较大，但因为华中地区水资源非常丰富，所以该地区的重大工程对气候变化不是很敏感。气候温和、生态环境良好的华中地区，气候变化对该地区的人居环境影响小。能源业受气候变化的影响较小，但因为华中地区的能源业相对来说不是很发达，所以其对气候变化较敏感[①]。

　　华东地区受气候变化影响的程度和对气候变化的敏感程度都高的部门和领域是人居环境和人群健康（高信度），旅游业和交通业次之（高信度），农业和能源业受气候变化影响的程度较高但其对气候变化的敏感程度较低（中等信度），制造业受气候变化影响的程度低但对气候变化的敏感程度高（低信度）。华东地区经济繁荣，城市群非常发达，人口密集，人居环境和人群健康备受关注，长江三角洲城市群是整个长江流域乃至全国经济发展的龙头，自然环境条件优越，旅游景点非常多，旅游业发达；海陆空交通便利，交通枢纽多，交通业很发达；工业门类齐全，轻工、机械、电子工业等制造业在全国占主导地位；雨热充足、资源丰富，农作物种类多种多样；煤炭、煤层气、电力、水能、太阳能、生物质能、地热和核能等能源产业基础雄厚，发展迅猛。1961 ~ 2018 年，华东地区的平均气温升高了 0.24℃/10a，气候暖湿化。加剧的风暴潮、海水入侵、海岸侵蚀、台风、洪涝灾害、高温热浪、城市热岛效应、海平面上升和大气污染对该地区的人居环境、人群健康、旅游业、交通业、农业和能源业的影响较大，对制造业的影响相对较小，且因为华东地区经济发达，人口密集，以第二、第三产业为主，所以该地区的人居环境、人群健康、旅游业、交通业以及制造业对气候变化相对更敏感[②]。

　　华南地区受气候变化影响的程度和对气候变化的敏感程度都高的部门和领域是人居环境、人群健康和农业，交通业次之（高信度），旅游业尽管受气候变化影响的程度较高但其对气候变化的敏感程度较低（中等信度），制造业和能源业受气候变化影响的程度低但对气候变化的敏感程度高（中等信度），重大工程受气候变化影响的程度和对

---

①　参考第二卷 14.1、22.4.1 节。
②　参考第二卷第 13 章执行摘要，第二卷 22.4.1 节。

气候变化的敏感程度都相对较低（低信度）。华南地区为热带－亚热带气候，水热充足，农业发达；拥有粤港澳大湾区城市群，人群健康和人居环境备受关注；华南地区的海陆空运输业都很发达，其促进了交通业和旅游业的发展；水能、风能、太阳能和生物质能等可再生资源的发电量大，能源业发达；汽车、钢铁、石化、机械制造等重化工业以及家电制造、金属加工、机电制造安装等制造业都发展迅速；华南地区有再生资源产业基地和湛江港深水航道工程等。1961～2018年，华南地区的平均气温升高了0.17℃/10a，气候暖湿化、极端化。该地区的超级城市群加剧了明显增多的夏季高温日的影响，伴随高温的高湿度和高浓度空气污染事件增加，登革热和疟疾等疾病也相应增多，该区域的人群健康受气候变化影响大且对其很敏感。海平面上升幅度和台风风暴潮强度的增大，增大了华南地区尤其是粤港澳大湾区洪涝灾害的频率和强度，可能使海岸侵蚀、咸水入侵、山体滑坡等次生自然灾害事件增多，区域内的人居环境、交通业、农业、旅游业受其影响大且人居环境、交通业和农业对气候变化的敏感程度高。增多的极端高温日也使制造业的冷却用水增多、夏季制冷的成本升高、工人的工作效率降低，从而对该地区的制造业有一定的影响；气候变暖对该地区以利用可再生资源为主的能源业和重大工程也有一定的影响，且制造业和能源业对气候变化的敏感程度更高[1]。

■ 参考文献

陈飞，徐翔宇，羊艳，等．2020.中国地下水资源演变趋势及影响因素分析．水科学进展，31（6）：811-819.

杜建华，宫殿婷，蒋丽伟．2019.中国森林火灾发生特征及其与主要气候因子的关系研究．林业资源管理，2：7-14.

鞠瑞亭，李慧，石正人，等．2012.近十年中国生物入侵研究进展．生物多样性，20（5）：581-611.

刘万才，刘振东，黄冲，等．2016.近10年农作物主要病虫害发生危害情况的统计和分析．植物保护，42：1-9.

清华大学气候变化与可持续发展研究院．2020.《中国长期低碳发展战略与转型路径研究》综合报告．中国人口·资源与环境，30（11）：1-25.

王世金，效存德．2019.全球冰冻圈灾害高风险区：影响与态势．科学通报，64：891-901.

张建云，王国庆，金君良，等．2020.1956—2018年中国江河径流演变及其变化特征．水科学进展，31（2）：153-161.

张强，耿冠楠．2020.中国清洁空气行动对$PM_{2.5}$污染的影响．中国科学：地球科学，50（4）：439-440.

---

[1] 参考第二卷第15章执行摘要，第二卷22.4.1节。

张润志，姜春燕，徐靖 . 2016. 防范生物入侵：以昆虫为例 . 中国科学院院刊，31（4）：400-404.

中国气象局气候变化中心 . 2019. 中国气候变化蓝皮书（2019）. 北京：中国气象局气候变化中心 .

中国气象局气候变化中心 . 2021. 2019 年中国温室气体公报 . 北京：中国气象局 .

Biskaborn B，Smith S，Noetzli J，et al. 2019. Permafrost is warming at a global scale. Nature Communications，10（1）：264.

Chen R，Yin P，Wang L，et al. 2018. Association between ambient temperature and mortality risk and burden：time series study in 272 main Chinese cities. The British Medical Journal，363：k4306.

Hoesly R M，Smith S J，Feng L，et al. 2018. Historical（1750–2014）anthropogenic emissions of reactive gases and aerosols from the Community Emissions Data System（CEDS）. Geoscientific Model Development，11（1）：369-408.

Hughes T P，Huang H，Young M A L. 2013. The wicked problem of China's disappearing coral reefs. Conservation Biology，27：261-269.

Hughes T P，Kerry J T，Álvarez-Noriega M，et al. 2017. Global warming and recurrent mass bleaching of corals. Nature，543：373-377.

Jia M M，Wang Z M，Zhang Y Z，et al. 2018. Monitoring loss and recovery of mangrove forests during 42 years：the achievements of mangrove conservation in China. International Journal of Applied Earth Observation and Geoinformation，73：535-545.

Kosaka Y，Xie S P. 2013. Recent global-warming hiatus tied to equatorial Pacific surface cooling. Nature，501（7467）：403.

Lin Q，Wang Y. 2018. Spatial and temporal analysis of a fatal landslide inventory in China from 1950 to 2016. Landslides，15：2357-2372.

Man W，Zhou T，Jungclaus J H. 2014. Effects of large volcanic eruptions on global summer climate and East Asian monsoon changes during the last millennium：analysis of MPI-ESM simulations. Journal of Climate，27（19）：7394-7409.

Niu R，Zhai P. 2012. Study on forest fire danger over Northern China during the recent 50 years. Climatic Change，111（3）：723-736.

Piao S L，Wang X H，Park T J，et al. 2020. Characteristics，driers and feedback of global greening. Nature Reviews Earth & Environment，1（1）：14-27.

Santer B D，Bonfils C，Taylor K E，et al. 2014. Volcanic contribution to decadal changes in tropospheric temperature. Nature Geoscience，7（3）：185-189.

Sun D，Zheng J，Zhang X，et al. 2019. The relationship between large volcanic eruptions in different latitudinal zones and spatial patterns of winter temperature anomalies over China. Climate Dynamics，53（9-10）：6437-6452.

Tkachenko K S，Thuy D，Nguyen H. 2020. Ecological status of coral reefs in the Spratly Islands，South China Sea（East sea）and its relation to thermal anomalies. Estuarine Coastal and Shelf Science，238：106722.

Wang W Q，Fu H F，Lee S Y，et al. 2020. Can strict protection stop the decline of mangrove ecosystems in China? From rapid destruction to rampant degradation. Forests，11（1）：55.

Wu S，Zhang W. 2012. Current status，crisis and conservation of coral reef ecosystems in China. Proceeding of the International Academy of Ecology and Environmental Science，21：1-11.

Yan Z W，Wang J，Xia J J，et al. 2016. Review of recent studies of the climatic effects of urbanization in China. Advances in Climate Change Research，7（3）：154-168.

Yin Z C，Wang H J. 2018. The strengthening relationship between Eurasian snow cover and December haze days in central North China after the mid-1990s. Atmospheric Chemistry and Physics，18：4753-4763.

Yin Z C，Wang H J，Li Y Y，et al. 2019. Links of climate variability among Arctic Sea ice，Eurasia teleconnection pattern and summer surface ozone pollution in North China. Atmospheric Chemistry and Physics，19：3857-3871.

Yu K F. 2012. Coral reefs in the South China Sea：their response to and records on past environmental changes. Science China Earth Sciences，55：1217-1229.

第3章　未来气候变化及风险预估

- **执行摘要**

　　本章在简要介绍未来气候变化的人类活动驱动力及地球系统模式与综合评估模型的基础上，通过对未来气候变化的预估，分析了暴露度与脆弱性，并对未来气候变化风险进行了评估。在中等温室气体排放情景下，21世纪中期年平均气温将上升1.8℃（1.2～2.3℃），平均降水将增多6%（2%～10%）（高信度）；未来极端高温事件将增多，低温事件将减少（高信度），强降水事件、极端高温－高湿复合事件将大幅增加（高信度）。未来暴雨洪涝灾害的人口脆弱性在逐步降低，但经济脆弱性呈明显波动趋势（中等信度）。气候变暖将可能导致城市洪涝灾害风险和强度增加（高信度）。未来水资源供需矛盾将更加尖锐，预计到21世纪30年代，水资源中脆弱及以上的区域面积明显扩大，水资源安全风险增加（高信度）。高温、干旱等极端气候事件频发对小麦、玉米等粮食作物产量和品质有不利影响，对棉花和油料等经济作物具有较大的风险（高信度）。冰冻圈变化对社会经济系统的正面效应主要来源于冰冻圈为人类社会提供了巨大的服务功能，负面影响则主要来自社会经济系统因冰冻圈变化产生的风险（高信度）。中国生态系统损失风险主要体现为NPP（植物净初级生产力）的减少和物种的退化、生物多样性的丧失；气候变化与非气候因素的叠加和协同效应加剧典型海洋生态系统的脆弱性并降低对环境变化的自适应能力（高信度）。

3.1 未来气候变化的人类活动驱动力

共享社会经济路径（shared socio-economic pathways，SSPs）和典型浓度路径（representative concentration pathways，RCPs）描述未来人类的社会经济活动产生的温室气体对气候变化驱动的过程和强度。SSPs 和 RCPs 路径组合（SSPs 情景）促使气候变化科学—影响—风险—适应—减缓的科学评估形成了闭环。情景是对未来世界发展变化可能性描述的一种工具。遵循情景设计的连贯性和内部一致性的原则，气候情景就是人类社会经济变化产生的温室气体数量与气候重要驱动之间的关系假设。IPCC 气候变化情景的发展与应用有 30 多年的历史，从简单的 CO_2 加倍及递增试验的 SA90 情景（IPCC，1990）、分为 6 种排放情景的 IS92 情景（IPCC，1992），到考虑 4 类不同社会经济发展状态的 SRES 情景（IPCC，2001，2007）和典型浓度路径描述辐射强迫气候驱动的 RCPs 情景（IPCC，2013），再到第六次国际耦合模式比较计划（CMIP6）中更加强调由人类社会经济变化产生的温室气体辐射强迫的 SSPs 情景。

SSPs 是根据国家与区域发展现状和未来规划设计的共享社会经济路径。构成 SSPs 的定量元素主要涵盖了 7 个方面：人口和人力资源、经济发展、生活方式、人类发展、环境与自然资源、政策和机构、技术发展。现在通常使用的 5 个 SSPs（SSP1 ~ SSP5）包括可持续发展路径（SSP1）、中间路径（SSP2）、区域竞争路径（SSP3）、不均衡路径（SSP4）、以传统化石燃料为主的路径（SSP5）（张杰等，2013；O'Neill et al.，2014；姜彤等，2020）（图 3-1）。路径的设计分为两步：第一步确定未来全球平均的辐射强迫水平（RCPs）；第二步选择每种辐射强迫水平对应的共享社会经济路径（SSPs）。CMIP6 继承了 CMIP5 中的 4 类典型情景（RCP2.6、RCP4.5、RCP6.0、RCP8.5），但是增加了 3 种新的排放路径（RCP1.9、RCP3.4、RCP7.0），以弥补 CMIP5 典型路径间的空白，同时可以满足对某些特定科学和政策战略问题（如全球 2℃或 1.5℃温升水平）研

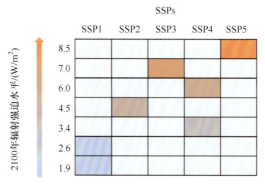

图 3-1　SSPs 情景：典型浓度路径和共享社会经济路径组合

彩色表示 SSP1-1.9、SSP1-2.6、SSP2-4.5、SSP3-7.0、SSP4-3.4、SSP4-6.0、SSP5-8.5

究的需求。模型的模拟试验分为一级（Tier-1）和二级（Tier-2）试验。本章将介绍 SSP1-1.9、SSP1-2.6、SSP2-4.5、SSP3-7.0、SSP4-3.4、SSP4-6.0、SSP5-8.5 7 个情景。

SSP1-1.9：这是极低的人类活动产生的 CO_2 排放量形成的辐射强迫情景，又称为"真正"的 1.5℃路径情景。这个情景设计主要用于《巴黎协定》所达成的全球温升 1.5℃研究。将可持续发展路径（SSP1）下的全球和区域人口经济变化输入综合评估模型（IAM），获得全球和区域 CO_2 排放量随时间变化的数量和路径，控制辐射强迫在 2100 年达到约 1.9W/m^2。该情景被认为可能（大于 66%）在 2100 年保持全球温升 1.5℃。这个路径表征了全球将在 2020～2025 年碳达峰，2055 年前后达到净零排放。

SSP1-2.6：与 CMIP5 最低温室气体排放路径相似，属于最低的人类活动产生的 CO_2 排放量形成的辐射强迫情景。采用可持续发展路径（SSP1）的人口和经济变化数据驱动综合评估模型控制试验，控制辐射强迫在 2100 年达到约 2.6W/m^2。这个路径预估在 2040～2060 年全球温升瞬时出现 1.7℃，而被认为是全球温升 2℃的过渡情景。这个路径表征了全球将在 2020～2025 年碳达峰，2075 年前后达到净零排放。

SSP2-4.5：CMIP5 中 RCP4.5 的更新版本，属于人类活动产生的 CO_2 排放量形成的中等辐射强迫情景，该情景属于基于过去多年的社会经济发展规律，采用人口经济发展的中间路径（SSP2），使得 2100 年辐射强迫稳定控制在约 4.5W/m^2。由于 SSP2 的土地利用和气溶胶路径并不极端，仅代表中等社会经济脆弱性和中等辐射强迫的组合。这个路径表征了全球将在 2030 年前后碳达峰，达峰后 CO_2 排放下降，到 2100 年全球 CO_2 排放量仍有约 100 亿 t。该路径在 21 世纪期间不可能达到净零排放。

SSP3-7.0：CMIP6 新设计的较高的辐射强迫情景，它填补了 CMIP5 中较高辐射强迫情景的空白。2100 年辐射强迫稳定在约 7.0W/m^2。SSP3 路径代表了大量的土地利用变化（尤其是全球森林覆盖率下降）和高辐射强迫因子（特别是 SO_2、CH_4 等非 CO_2 气体）。SSP3-7.0 代表了高社会经济脆弱性与相对高的人为辐射强迫的组合。这个路径表征了 21 世纪全球 CO_2 排放将持续上升，2100 年 CO_2 排放量仍超 800 亿 t。

SSP4-3.4：CMIP6 新设计的低辐射强迫情景，属于低的人类活动产生的 CO_2 排放量形成的辐射强迫情景。它是将以适应为主的不均衡路径（SSP4）人口和经济变化数据驱动综合评估模型控制试验，控制辐射强迫在 2100 年达到约 3.4W/m^2。它代表了一个较高社会经济脆弱性和中等辐射强迫的组合。这个路径表征了全球将在 2020～2025 年碳达峰，2085 年前后达到净零排放。

SSP4-6.0：CMIP5 中 RCP6.0 的更新版本，属于中等辐射强迫情景，2100 年辐射强迫为 5.4 W/m^2，2100 年以后稳定在 6.0W/m^2。SSP4 是以适应为主的不均衡路径，它与 RCP3.4 和 RCP 6.0 组合，目的是对比研究在相同社会经济发展水平和不同全球辐射强迫路径下的气候效应差异，并探索区域气候对土地利用和气溶胶的响应。这个路径表征了全球将在 2030 年前后碳达峰，到 2100 年全球 CO_2 排放量仍有近 200 亿 t。该路径在 21 世纪期间不可能出现净零排放。

SSP5-8.5：CMIP5 中 RCP8.5 的更新版本，属于高辐射强迫情景，2100 年辐射强迫为 $8.5W/m^2$。该情景设计的目的是用于解决各种模型比较计划中风险评估的科学问题。以传统化石燃料为主的路径（SSP5）的人口和经济变化产生的 CO_2 辐射强迫可以在 2100 年达到 $8.5W/m^2$。SSP5-8.5 代表着最高经济发展和最高的人为辐射强迫。这个路径表征了 21 世纪全球 CO_2 排放将持续上升，2100 年 CO_2 排放量达 1200 亿～1300 亿 t。

SSPs 情景目前已经用于 CMIP6 与各种气候模型和影响模型比较计划，以及人类发展、水资源、能源和经济等与未来社会经济发展有关的预估研究。SSPs 情景既有人为辐射强迫驱动力，也有社会经济的驱动力（姜彤等，2017）。以中国为例，5 种 SSPs 情景下，中国人口均可能呈现先增加再减少的趋势，其中 SSP1、SSP2 和 SSP5 下，人口可能在 2030 年左右达到峰值，分别是 13.93 亿人、14.09 亿人和 13.93 亿人；SSP3 和 SSP4 下人口分别可能在 2035 年和 2025 年左右达到峰值 14.27 亿人和 13.88 亿人；到 2050 年时，人口最多的 SSP3 与人口最少的 SSP4 间相差 1.22 亿人，开始出现人口陷阱；实施"三孩"政策，人口陷阱会有所缓解（姜彤等，2017）；实施"全面二孩"和"三孩"政策后，2050 年前，无论采用哪种社会经济路径，中国经济总体上呈现上升的趋势；经济增长速率的排序是 SSP5>SSP1>SSP2>SSP4>SSP3（潘金玉等，2019）。

采用 SSPs 情景分析，可以动态评估气候变化对社会经济的影响和风险，分析不同的气候政策所引发的成本，可用于发现适应和减缓气候变化下的社会经济发展的不确定性，为分析不同气候政策和社会经济发展模式的成本和风险提供有效方法。

3.2 地球系统模式与综合评估模型

3.2.1 地球系统模式

地球系统模式是基于地球系统中的动力、物理、化学和生物过程以及与人类活动相互作用过程，建立数学方程组（包括动力学方程组和参数化方案）来描述和确定其各个部分（大气圈、水圈、冰雪圈、岩石圈、生物圈和人类活动）的性状和特征，由此构成描述地球系统的数学物理模型，然后用数值的方法进行求解，并在计算机上付诸实现的一种大型综合性计算软件，它能够描述地球系统各圈层之间的相互作用。气候系统模式是地球系统模式的雏形，也是地球系统模式发展的基础阶段，以地球流体为主体，固体部分只考虑陆面过程，模式只能描述系统的动力过程和物理过程，不考虑或非常简单地考虑了生物过程和化学过程。CMIP5 之前的气候模式称为气候系统模式，那时的模式主要考虑了气候系统中的物理过程；从 CMIP5 起，气候系统模式中大量引入了化学和生物过程，考虑了碳氮循环和动态植被等，开始称作地球系统模式。

但无论是 CMIP5 还是 CMIP6 的地球系统模式，都没有考虑地核、地幔和地壳相关的固体地球过程，迄今为止，地球系统模式仍然沿用气候系统模式的空间结构和框架[①]。

地球系统模式通过耦合器实现其分量模式之间的耦合，描述各子系统间的相关作用。地球系统模式的分量模式包括大气环流模式、海洋环流模式、海洋碳循环模式、海冰模式、陆面过程模式和陆地碳循环模式等。这里主要介绍最新一代的地球系统模式——CMIP6。

CMIP6 中，地球系统模式发展具备的两个主要趋势就是"一体化"和"精细化"。"一体化"集天气、气候于一体，集全球、区域于一身，实现时间和空间上的"无缝隙"模拟与预报。"精细化"是在深化地球系统科学认知的基础上，发展和完善地球系统关键过程的模式表达和次网格尺度参数化方案，提高模式分辨率，降低未来预估和预测的不确定性。

"一体化"和"精细化"的发展使得地球系统模式的模拟能力得到拓展和提升。在时间尺度上，耦合模式对次季节、季节、年际和年代际尺度的气候预测能力得到了增强，正逐步具备对短、中期天气预报的能力。在空间尺度上，模式系统模拟个体、局地、区域和全球等不同尺度相互作用的能力不断提升。对多种气候经济模式的耦合，使地球系统模式的功能更为完整。地球系统模式模拟正在从气候向天气、生态与环境乃至社会经济领域拓展，也正在从只包含生态系统对环境变化的被动响应向包含生态系统过程和人类活动对环境条件的反馈作用扩展。

全世界有 18 个国家的 40 个科研机构和高校报名参加 CMIP6 的相关试验，其中我国有 8 家机构报名参加，注册的地球 / 气候系统模式版本有 13 个（表 3-1）。在这 8 家机构中，除了以往的传统模式研发机构中国科学院大气物理研究所、国家气候中心、北京师范大学和自然资源部第一海洋研究所外，清华大学、南京信息工程大学、中国气象科学研究院和台北"中研院"也首次独立参加了 CMIP6 的相关试验。该模式水平分辨率较 CMIP5 有一定提高，大气模式分辨率多在 100km 左右，海洋模式分辨率则是 100km 与 50km 各占一半[①]。

表 3-1　中国参与 CMIP6 的地球 / 气候系统模式及其参与的比较计划

模式名称	所属机构	大气模式 分辨率 /km	海洋模式 分辨率 /km	参与的比较计划
BCC-CSM2-HR	BCC	50	50	CMIP，HighResMIP
BCC-CSM2-MR	BCC	100	50	CMIP，C4MIP，CFMIP，DAMIP，DCPP，GMMIP，LS3MIP，ScenarioMIP
BCC-ESM1	BCC	250	50	CMIP，AerChemMIP

① 参考第一卷 13.2.2 节。

续表

模式名称	所属机构	大气模式分辨率 /km	海洋模式分辨率 /km	参与的比较计划
BNU-ESM-1-1	BNU	250	100	CMIP，C4MIP，CDRMIP，CFMIP，GMMIP，GeoMIP，OMIP，RFMIP，ScenarioMIP
CAMS-CSM1-0	CAMS	100	100	CMIP，ScenarioMIP，CFMIP，GMMIP，HighResMIP
CAS-ESM1-0	CAS	100	100	AerChemMIP，C4MIP，CFMIP，CMIP，CORDEX，DAMIP，DynVarMIP，FAFMIP，GMMIP，GeoMIP，HighResMIP，LS3MIP，LUMIP，OMIP，PMIP，SIMIP，ScenarioMIP，VIACS AB，VolMIP
CIESM	THU	100	50	CFMIP，CMIP，GMMIP，HighResMIP，OMIP，SIMIP，ScenarioMIP
FGOALS-f3-H	CAS	25	10	CMIP，HighResMIP
FGOALS-f3-L	CAS	100	100	CMIP，DCPP，GMMIP，OMIP，SIMIP，ScenarioMIP
FGOALS-g3	CAS	250	100	CMIP，DAMIP，DCPP，GMMIP，LS3MIP，OMIP，PMIP，ScenarioMIP
FIO-ESM-2-0	FIO-QLNM	100	100	CMIP，C4MIP，DCPP，GMMIP，OMIP，ScenarioMIP，SIMIP
NESM3	NUIST	250	100	CMIP，DAMIP，DCPP，GMMIP，GeoMIP，PMIP，ScenarioMIP，VolMIP
TaiESM1	AS-RCEC	100	100	AerChemMIP，CFMIP，CMIP，GMMIP，LUMIP，PMIP，ScenarioMIP

注：BCC，国家气候中心；BNU，北京师范大学；CAMS，中国气象科学研究院；CAS，中国科学院；THU，清华大学；FIO-QLNM，自然资源部第一海洋研究所区域海洋动力学与数值模拟功能实验室；NUIST，南京信息工程大学；AS-RCEC，台北"中研院"环境变迁研究中心。

3.2.2 区域气候模式

区域气候模式把全球气候模式聚焦在一个区域上，这样可以把全球气候 / 地球系统模式较低分辨率的模拟结果动力降尺度到一个感兴趣的目标区域，在这个目标区域模式的分辨率显著提高，从而获得更高分辨率、更具地域特色且通常模拟水平得到提高的气候模拟或预估结果。

动力降尺度法是利用物理模型把全球气候 / 地球系统模式模拟的环流对大尺度强迫的响应进行降尺度，可以通过高分辨率大气环流模式（HIRGCMs）、可变分辨率大气环流模式（CARGCMs）以及区域气候模式（RCMs）来实现。自 20 世纪 90 年代以来，动力降尺度在气候研究中的应用取得了一定的进展，其中主要体现在 RCMs 的应用。RCMs 是目前模拟中小尺度气候、极端气候及变化最有力的工具，该模式以全球模式或再分析资料提供大尺度环流为初始和驱动场，能细致刻画区域尺度强迫（如气溶胶、地形、内陆湖、海岸线、中尺度对流系统、土地利用与覆盖变化等）的气候效应，用高分辨率有限区域数值模式模拟区域范围内对次网格尺度强迫（如复杂地形特征和陆面非均匀性）的响应，从而在精细时间 – 空间尺度上再现大气环流的细节[①]。

自 1987 年起，区域气候模拟首次应用于美国 Yucca 地区生态气候变化评估，1989 年世界上第一个区域气候模式 RegCM 正式发表，该模式基于中尺度天气预报模式 MM4，耦合了 BATS 陆面过程模块。

近年来，为满足全球变化科学和可持续发展科学的需求，新一代区域气候模式水平分辨率从 50km 左右逐渐提高至 10 ~ 25km 乃至 10km 以下，并发展出云可分辨版本，以期模拟复杂地形、中尺度对流系统等对区域气候的影响，提高对中小尺度极端事件（短时期强降水、热浪、热带 – 亚热带风暴等）的再现能力。

国际区域气候模式发展呈现出新的特征，除了上述更高分辨率及对流可分辨版本的应用外，还将考虑较为完备的区域地球系统过程的影响，发展区域地球系统模式。在 WRF、RegCM 等模式中，耦合海洋、海冰、动态植被、地下和地表水文过程、大气化学过程，构建完全耦合地球物理 – 生物化学过程的模拟系统[①]。

在模拟方面，趋向于使用多个全球 – 区域模式的集合，以此减少区域气候预估中的不确定性，如在世界气候研究计划（WCRP）的区域气候模式降尺度协同试验（CORDEX）框架下所进行的模拟和预估多使用这种多模式集合。CORDEX 使用动力和统计的方法，在全球各陆地范围进行气候变化的降尺度预估，以提高区域气候模拟和预估的分辨率和信度，支持区域气候变化影响的评估和适应研究，并为 IPCC AR6 服务。

近年来，国内学者在区域气候模式的应用与发展方面开展了大量工作，取得了显著进步。为提高东亚区域气候模拟能力，国内学者对模式的参数化方案及其参数等进行不同的组合调试和测试，以提高模式的综合模拟效果；对使用 CLM 陆面模块的 RegCM4 模式进行了不同对流参数化方案的测试，选择了更适合中国区域气候模拟的 Emanuel 方案，使中国区域气温和降水的模拟效能显著提高，在此基础上，进行了当代气候的长期积分试验并与观测资料对比，还进行了模式检验，确定了适合于这一区域的推荐模式版本，区域气候模式不断向区域地球系统耦合模式的方向发展[②]。

① 参考第一卷 13.3.2 节。
② 参考第一卷 13.2.4 节。

3.2.3 综合评估模型

综合评估模型（integrated assessment model，IAM）用于研究应对气候变化的成本和效益，以支持气候变化行动的决策。IAM 把应对气候变化下的一些关键因素关联起来，包括排放、影响、适应、损失等，以期得到整体的成本和效益分析。IAM 的研究很大程度上支持了全球气候变化应对的进程。IAM 的研究结果支持了从 IPCC FAR 到目前 IPCC AR6《IPCC 全球 1.5℃温升特别报告》排放路径，给出了在全球成本和效益分析下到 2100 年的排放情景，支持了 2℃温升和 1.5℃温升水平的设定和减排路径选择。

IAM 能够分析气候系统和经济系统之间的相互影响过程，主要包括三个模块，分别是气候模块（climate module）、经济模块（economy module）和影响模块（impact module），同时 IAM 也和气候模型（GCM）以及影响适应和脆弱评估模型（IAV）相结合，以实现对气候变化的综合评估（图 3-2）。

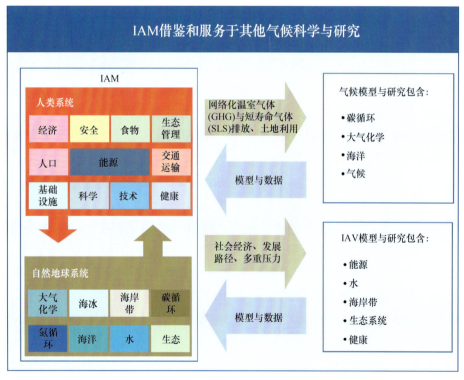

图 3-2 IAM 框架及其与其他气候研究的关系

IAM 的研究不断深化，取得显著进展。为了能够更好地支持全球气候变化应对，国际上 IAM 的研究已经进入第三代大型复杂模型阶段，其代表性模型有 IMAGE、GCAM、AIM、MESSAGE、ReMIND、IPAC 等。

第一代 IAM 在 20 世纪 90 年代兴起，被称为高集成度模型，该模型比较简单，仅考虑了排放、浓度、升温、影响等方面，如 DICE、RICE、MERGE 以及 WITCH。这些模型在分析全球是否要应对气候变化方面发挥了重要作用，其主要结论是应对气候变化带来的效益远大于成本，从而推动了 90 年代的气候变化国际合作进程。

第二代 IAM 在 2000 年之后得到迅速发展。第一代 IAM 已经难以答复决策者关于减排实施阶段的政策需求，第二代 IAM 应运而生，其主要特征是 IAM 中的能源模型和土地利用模型大量纳入部门和技术经济分析，更多的能源转型政策需求得到考虑，技术参数越来越详细，国别和区域研究更加深入。但其中的气候模型较多采用简化的气候模型，如 MAGGIC 模型是一个单独分析排放后的浓度、辐射强迫、升温的气候模型。第二代 IAM 的研究成果主要用在 IPCC TAR、IPCC AR4。

2010 年之后，IAM 进入了第三阶段，使排放、浓度、辐射强迫、升温、影响、适应在模型中得到仔细刻画，一方面，在模型规模上进一步扩展，如纳入 GCM 模型、大气化学模型、海洋动力模型等，另一方面，在区域化、网格化方面不断扩展，这些模型可以给出 $0.25° \times 0.25°$ 的网格化分析结果，同时这些模型也考虑了更多相关影响因素，如大气质量、水需求、社会经济就业率，以及 SDGs 等，详见图 3-2。由于在 IPCC AR4 后对全球实现温升目标确定的需求增强，国际上 IAM 的分析更多针对低温升目标，如 2℃温升和 1.5℃温升水平的研究方面，从而支持了《巴黎协定》目标的提出。

IAM 由于大型化和复杂化，需要的参数和结果也越来越复杂，IAM 研究在模型的透明化方面取得了进展。为了能够更好地推动 IAM 的发展，2011 年成立了综合评估模型委员会（Integrated Assessment Model Consortium，IAMC），促进 IAM 更加系统化发展。目前，IAM 在提升模型结果的可信性和透明性方面采取的方法是模型的对比和诊断，建立数据库，设置专题研究。涉及一些重大研究议题，国际上的综合评估模型组都会参加，模型数据库的参数也从最开始的 150 个左右扩展到目前的 700 ~ 1000 个或 1000 多个。

由于中国是全球最大的 CO_2 排放国，国际上的 IAM 一般都把中国作为单独的一个区域。中国模型组参与全球模型诊断，将全球 IAM 模型中的中国相关参数进行对比分析和率定。我国研究团队能够参加全球重大研究的能力还很有限，特别是 IAM 的大型化需要很多研究资金的长期支持，我国研究团队参与全球和区域排放路径研究需要在未来得到更多的支持和推进 [①]。

未来 IAM 的研究方向有可能发生变化。由于针对全球 1.5℃温升水平和路径的研究已经较多，国际上也有接受 1.5℃温升水平作为未来全球减缓目标的呼声。随着各国碳中和承诺越来越多，1.5℃温升目标可能会逐渐成为减缓目标的呼声越来越高。IAM 的研究方向也因此需要进行调整，从之前的评估分析温升目标的路径，到对实现温升目标路径中的相关因素进行更加综合的分析为重点，如粮食 – 能源 – 水的关联、基于

---

① 参考第三卷 3.2 节。

自然的减排路径、生态系统影响等，以期更多地和其他社会经济发展因素结合起来。

中国 IAM 研究的主要进展。中国的 IAM 参与全球研究起始于 2000 年，IPAC 模型参与了能源模型论坛第 24 研究议题（EMF24）的活动，全球情景结果参与了国际情景对比，并被 IPCC AR4 第三工作组报告纳入。之后中国 IAM 对全球情景研究较少，大多数的中国模型组研究主要是利用 IAM 研究中国情景，利用全球情景分析结果参与全球 IAM 模型对比的团队很少。2015 年后，清华大学、北京理工大学、中山大学、北京大学团队开始发表一些关于全球排放情景的研究成果。2005 年以来，一些国际大型 IAM 研究项目，中国参与的团队包括 IPAC 模型、清华 TIMER 模型、国家应对气候变化战略研究和国际合作中心的 PECE 模型、北京大学的 IMED 模型。中山大学发展了新一代地球系统模式与气候经济模型耦合的 IAM，初步实现了地球系统和气候经济系统的耦合。IAM 的研究需要大的团队和长期投入，我国在这方面还很欠缺。

3.3　未来气候变化预估

3.3.1　气温

CMIP6 模式预估未来中国年平均气温将增加，其中近期受排放情景影响较小，中、后期在高排放情景下的变化则更为显著（高信度）。气候预估结果受到外强迫（含温室气体、气溶胶和土地利用变化等）和内部变率的共同影响。其中，内部变率的作用在近期（2021 ~ 2040 年）气候预估中较中期（2041 ~ 2060 年）和末期（2080 ~ 2099 年）更为显著。基于参加 CMIP6 的 19 个模式（其中包括 4 个中国模式）的历史气候模拟数据和从低至高的四种温室气体排放情景（包括 SSP1-2.6、SSP2-4.5、SSP3-7.0 和 SSP5-8.5）预估试验数据，图 3-3 给出了中国区域（陆地，下同）21 世纪未来不同时段的预估结果。在未来预估中，年平均气温呈普遍增加趋势，但不同排放情景之间的差异在近期气候预估中并不明显，原因之一是不同排放情景的辐射强迫差异在该阶段差异不明显，原因之二是内部变率的影响较大。四种排放情景的预估结果到中期和长期差异逐渐显现且增大，高排放情景下的变化更为显著[①]。

21 世纪末期中国区域年平均气温升高 1.6 ~ 5.3℃（高信度）。在低温室气体排放情景（SSP1-2.6）下，中国年平均气温升高在 21 世纪中期达到 1.5℃（0.9 ~ 2.0℃，10% ~ 90% 的模式间范围，余同）后趋于稳定，末期的升温值为 1.6℃（0.9 ~ 2.2℃）；中等排放情景（SSP2-4.5）下，中期年平均气温将上升 1.8℃（1.2 ~ 2.3℃），末期达到 2.8℃（1.8 ~ 3.7℃）；而在高排放情景（SSP5-8.5）下，中期升温为 2.4℃（1.6 ~ 3.1℃），末期升温将达到 5.3℃（3.5 ~ 7.1℃）[①]。

---

① 参考第一卷 13.4 节。

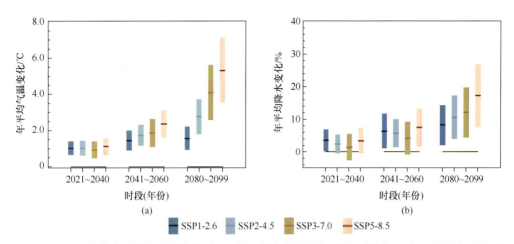

图 3-3　CMIP6 多模式预估的不同情景下 21 世纪不同时段中国区域年平均气温（a）和降水（b）的
变化（相对于 1995～2014 年）

中间粗横线表示 19 个模式集合平均的结果；柱形图表示 10%～90% 的模式范围

　　升温表现出较大的区域性差异，升温的高值区为东北、西北和青藏高原。升温的
这种空间不均匀分布在 21 世纪中期和末期预估中更为明显。在近期预估中，升温幅度
较弱、分布均匀（图 3-4）。中、末期的升温幅度明显增强，区域差异明显，总体而言
呈现出一定的纬度依赖性，中国北方升温幅度明显大于南方，同时青藏高原也是升温较

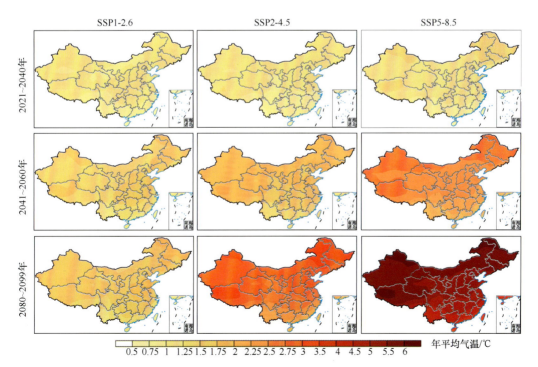

图 3-4　CMIP6 多模式预估的不同情景下 21 世纪不同时段中国年平均气温的变化
（相对于 1995～2014 年）

大的地区。21 世纪中期 SSP2-4.5 情景的升温幅度普遍小于 2℃，而在 SSP5-8.5 情景下除长江以南地区外均大于 2℃（图 3-4）。21 世纪末期，在 SSP5-8.5 情景下，中国除南方地区外，升温普遍超过 5℃，东北、西北和青藏高原地区的升温在 5.5℃ 以上，最大超过 6℃。需要指出的是，CMIP6 模式的气候敏感度较之 CMIP5 模式普遍偏高，这使得基于 CMIP6 模式预估的温度变化会偏高，其带来的不确定性是需要关注的问题，未来需要研究和应用区域尺度上基于观测和气候敏感度最佳估算值的约束技术 [①]。

需要指出的是，本章的未来预估结果是基于 CMIP6 模式集合的数据。IPCC AR6 指出，CMIP6 模式的气候敏感度较 CMIP5 模式普遍偏高，这使得基于 CMIP6 模式预估的温度变化会偏高。对于全球平均温度的预估，IPCC AR6 采用了基于观测和气候敏感度最佳估算值的约束技术。但如何在区域尺度上进行这种约束，目前尚没有成熟的技术和方法，这是未来研究中需要加强的方向。CMIP6 模式气候敏感度偏高所带来的预估不确定性是预估区域气候变化时需要关注的问题，特别是在定量的比较上。

区域气候模式预估的气温较全球模式偏低，冬季青藏高原增暖更显著（中等信度）。区域气候模式由于其更高的分辨率，在提高对当代气候模拟能力的同时，得到的未来气候变化预估信号会更可靠。基于 5 个全球气候模式驱动下 RegCM4 区域气候模式集合预估的分析表明，区域气候模式所给出的大尺度增暖幅度和空间分布总体上受全球模式驱动场影响，但在数值和分布上有所不同（图 3-5）。在中等温室气体排放路径 RCP4.5 下，至 21 世纪末期（2080～2099 年，相对于 1986～2005 年），冬季全球和区域气候模式预估的中国区域平均升温值分别为 3.0℃ 和 2.5℃，区域气候模式的升温值偏低，区域气候模式在提供了变暖分布更多的空间分布细节的同时，在青藏高原预估出显著增暖现象。夏季增温与冬季相比总体上较弱，分布型也和冬季有明显差异，全球和区域气候模式集合平均增幅分别为 2.7℃ 和 2.4℃ [②]。

3.3.2 降水

CMIP6 模式预估未来中国年平均降水将普遍增加（高信度），21 世纪末期的增加值在 8%～27%（中等信度）。中国区域平均的年降水在 21 世纪各时段和各种排放情景下都将增加（图 3-6）。在 SSP2-4.5 情景下，21 世纪中期中国区域平均降水增多 6%（2%～10%），末期增多 11%（4%～17%）；在 SSP5-8.5 情景下，中期增多 8%（2%～13%），末期增多 17%（8%～27%）[③]。

降水变化的空间分布差别较大，华北、内蒙古、西北地区东部及青藏高原的降水增加较多（中等信度）。除 21 世纪初期西南地区外，中国降水均呈增加趋势，且模式间的一致性较好，特别是在高排放情景下和在 21 世纪末期。在 21 世纪末期 SSP5-8.5

---

① 参考第一卷 13.4.1 节。
② 参考第一卷 13.5.1 节。
③ 参考第一卷 13.4 节。

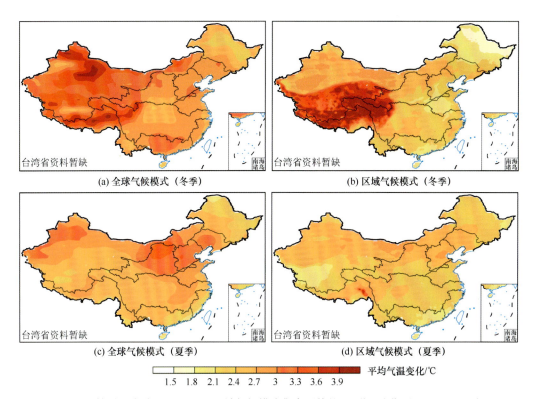

(a) 全球气候模式（冬季）　　　　　　　　(b) 区域气候模式（冬季）

(c) 全球气候模式（夏季）　　　　　　　　(d) 区域气候模式（夏季）

平均气温变化/℃

1.5　1.8　2.1　2.4　2.7　3　3.3　3.6　3.9

图 3-5　RCP4.5 情景下全球和 RegCM4 区域气候模式集合预估的 21 世纪末期（2080～2099 年，相对于 1986～2005 年）中国地区冬、夏季平均气温变化（改绘自 Wu and Gao，2020）

情景下，华北、内蒙古和西北地区东部及青藏高原地区的降水增加幅度在 25% 以上，局部达到 50%；长江以南地区降水增加幅度相对较少，一般在 10% 左右（图 3-6）。分季节的对比分析表明，年平均降水的预估结果由夏季这一主要降水季节的变化主导[①]。

相对于全球气候模式所预估降水的普遍增加，区域气候模式预估的降水出现更多变化不大及减少的地区（中等信度）。RegCM4 区域气候模式集合预估的 21 世纪中期（2041～2060 年）RCP4.5 情景下年平均降水的变化（图 3-7），在中国西部和东北北部以增加为主，其中西北干旱区增加 10%～25%，RCP8.5 情景下降水增加范围扩大、幅度上升。分季节而言，冬季北方大部分地区降水普遍增加，数值在 10% 以上，其中西北增加明显，最大值出现在塔里木盆地，在 RCP8.5 情景下数值超过 75%，而云贵高原降水减少明显。夏季降水增加的地区集中在西北干旱区东部、青藏高原东部三江源地区、东北北部和黄淮等地。中国区域 RCP8.5 情景下 21 世纪末期冬、夏季和年平均的降水变化值分别为 25%、8% 和 12%[②]。

---

① 　参考第一卷 13.4.1 节。
② 　参考第一卷 13.5.2 节。

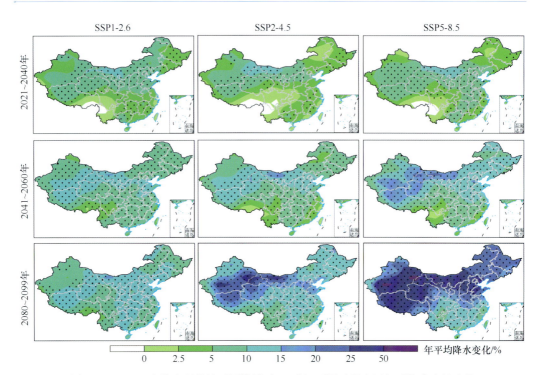

图 3-6　CMIP6 多模式预估的不同情景下 21 世纪不同时段中国年平均降水的变化
（相对于 1995～2014 年）

图中的点表示多模式集合中超过 75% 的模式变化同号

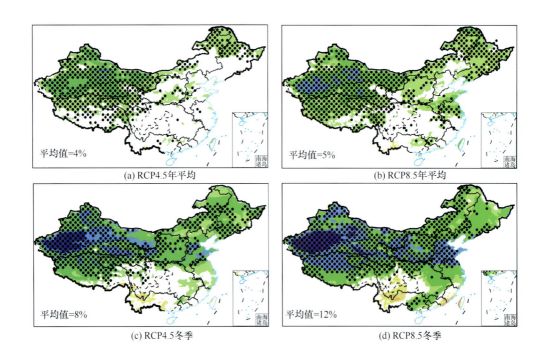

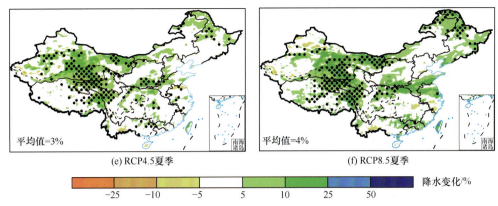

图 3-7　RegCM4 区域气候模式集合预估的 21 世纪中期（2041～2060 年）降水变化
（相对于 1986～2005 年）（改绘自张冬峰和高学杰，2020）

区域平均值同时在各分图左下角给出

3.4　极端事件变化预估

3.4.1　气温相关极端事件

中国区域未来高温极端事件将增多，低温事件将减少（高信度）。基于 CMIP6 模式的预估结果表明，TXx（年日最高气温极大值）和 TNn（年日最低气温极小值）未来会普遍升高，以后者的增加更明显（图 3-8）。其中，全国平均 TXx 和 TNn 在 RCP4.5/RCP8.5 情景下，至 21 世纪末（2081～2100 年）相对于当代（1995～2014 年）将分别升高 2.8/5.2℃ 和 3.5/6.3℃[①]。

TXx 在西北、TNn 在东北地区的升高幅度最大（高信度）。从空间分布上看，TXx 的升高以西北地区最大、东南地区最小。在 RCP8.5 情景下，至 21 世纪末期，西北地区最大升幅度可达 7～8℃，东南沿海地区的增加最小，在 3～4℃。TNn 则在东北地区升高最多（8℃ 以上）。此外，西北和青藏高原部分地区的增幅可达到 7～8℃。

目前，气候中 50 年一遇的高温事件未来将大幅增加，50 年一遇的冷事件则将逐渐减少（高信度）。基于 CMIP5 模式的预估结果和 CMIP6 模式的类似，未来中国区域均呈现日最低、最高气温上升，极端高温事件和热浪日数增加，极端低温事件和霜冻日数（FD）减少等趋势。在 RCP8.5 高排放情景下，当代（1986～2005 年）50 年一遇的极端高温事件在 21 世纪末将变为 1～2 年一遇，极端冷事件将逐渐消失；当代每 10 年一遇的暖日、暖夜事件在 21 世纪末期将会变为常态[②]。

基于 CMIP5 模式，以 4 个极端指数 TXx、TNn、FD 和温度日较差（TR）为例，与 1986～2005 年相比，到 21 世纪末期，中国 TXx 和 TNn 在 RCP4.5 情景下分别升高 2.8℃ 和 3.0℃，在 RCP8.5 情景下分别升高 5.6℃ 和 5.9℃。

---

① 参考第一卷 13.4.3、13.4.4 节。
② 参考第一卷 13.4.3 节。

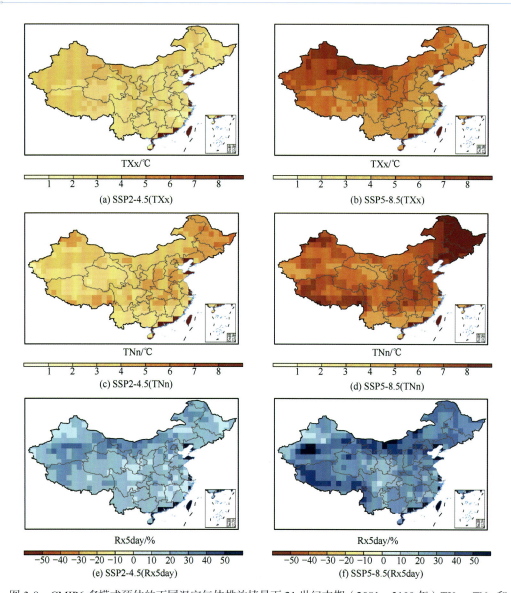

图 3-8　CMIP6 多模式预估的不同温室气体排放情景下 21 世纪末期（2081～2100 年）TXx、TNn 和
最大连续五日降水量（Rx5day）相对于当代（1995～2014 年）变化的空间分布
（基于 Chen et al.，2020 改绘）

其中，TNn 在东北、西北北部和西南南侧升温幅度最大，TXx 增幅最大的区域位于华东区域，且 TNn 的变化幅度略大于 TXx 的变化幅度。到 21 世纪末期，FD 和冰冻日数（ID）在 RCP4.5（RCP8.5）情景下分别减少 21（43）天和 17（32）天。TR 和最高气温超过 25 ℃的日数（SU）在 RCP4.5（RCP8.5）情景下分别增加 18（38）天和25（44）天[①]。

区域气候模式预估结果与全球气候模式预估结果在总体上一致，但在细节上存在差异。RegCM4 模式的集合预估显示，相对于 1986～2005 年，全国平均 TXx 有明显的

---

① 参考第一卷 13.4.3 节。

上升趋势，到 21 世纪末，RCP4.5（RCP5-8.5）情景下的增幅为 2.6 ± 0.4℃（5.1 ± 0.4℃）[图 3-9（a）]。在 RCP4.5 情景下，2046 ~ 2065 年，中国大部分地区升高 1.6 ~ 2.4℃，青藏高原东南部、黄淮地区和东北平原升高较大；2080 ~ 2099 年，增幅升高到 2.0 ~ 3.0℃，空间差异减小 [图 3-10（a）]。需要指出的是，在全球变暖背景下，自然变率等原因产生的冷事件有时会造成重大灾害，对其的防备也不容忽视 [①]。

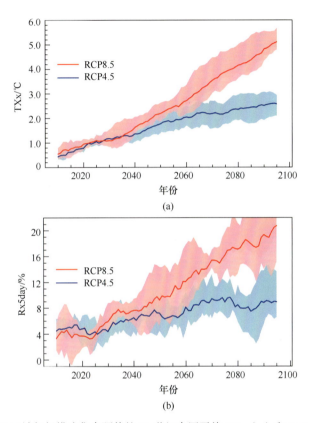

图 3-9　RegCM4 区域气候模式集合预估的 21 世纪中国平均 TXx（a）和 Rx5day（b）的变化
（相对于 1986 ~ 2005 年）

3.4.2　降水相关极端事件

未来强降水事件增加，其降水量占降水总量的比重逐渐增大（高信度），当代（1986 ~ 2005 年）50 年一遇的降水极端事件在 21 世纪末 SSP5-8.5 情景下会成为不到 10 年一遇（中等信度）。基于 CMIP6 模式的预估结果表明，Rx5day 在中国将普遍增加 [图 3-8（e）和图 3-8（f）]，在 SSP5-8.5 情景下升高大值区（>30%）分布于华北、内蒙古、新疆南部、云南及西藏的边界地区等地，在个别地区最大增加值达到 50% 以上。全国平均的 Rx5day 在 SSP2-4.5 和 SSP5-8.5 情景下，至 21 世纪末（2081 ~ 2100 年）相对于当代（1995 ~ 2014 年）将分别增加 16% 和 29%。

---

① 参考第一卷 13.5.3 节。

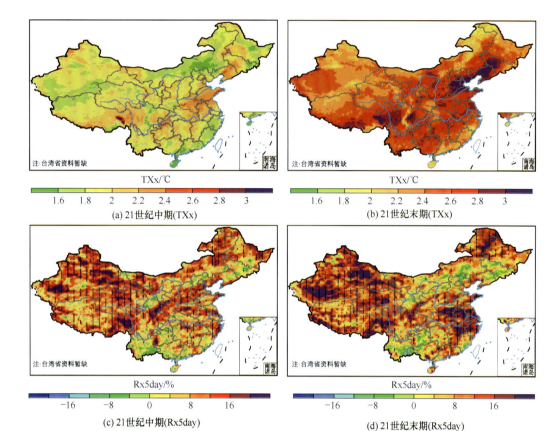

图 3-10　RegCM4 区域模式集合预估的 RCP 4.5 情景下 TXx 和 Rx5day 未来变化的空间分布

　　基于 CMIP5 模式的分析同样表明，中国未来 Rx5day 和极端降水量（R95p）指数在 21 世纪增加显著，强降水量占年降水量的比重增大，在 RCP4.5（RCP8.5）情景下与 1986 ~ 2005 年相比，到 21 世纪末极端降水量（R95p）和 Rx5day 分别增加 25%（60%）和 11%（21%）。21 世纪末期，极端降水贡献率和 Rx5day 增加的幅度远大于前期，其中在西北部和江淮流域增加最为显著，局部地区增幅超过 20%。连续无降水日数（CDD）在中国的北方地区将减少，而在南方地区将增加。中雨、大雨和暴雨的发生频次显著增加，并且与气温的变化表现为正相关，分别以 1.5%/℃、6.0%/℃ 和 27.3%/℃ 的趋势增加。当代 50 年一遇的极端降水事件在 21 世纪末 RCP4.5 和 RCP8.5 情景下将分别成为 13 年一遇和 7 年一遇[①]。

　　区域气候模式同样预估出未来强降水事件普遍增加的结果，同时提供了更多空间分布上的细节。RegCM4 区域气候模式集合预估显示，相对于 1986 ~ 2005 年，Rx5day 将明显增加，到 21 世纪末，RCP4.5（RC8.5）情景下增幅为 9%（21%）[图 3-9（b）]，在 RCP4.5 情景下，21 世纪末期黄淮、江淮、东北北部和西北部分地区的增加值超过 20%[图 3-10（d）]，RCP8.5 情景下到 21 世纪末期 Rx5day 减小的区域几乎消失，大部分区域的增加值超过 20%，西北地区超过 40%。Rx5day 的升高大值区（>30%）分布

① 参考第一卷 13.4.4 节。

于华北、内蒙古、新疆南部和云南及西藏的边界地区等地，在个别地区最大增加值达到 50% 以上[①]。

3.4.3　复合型高温 – 高湿极端事件

复合型高温 – 高湿等极端事件在未来将大幅增加（高信度）。复合型极端事件，如风暴潮 – 强降水、高温 – 干旱、高温 – 高湿等，正在得到学者和公众越来越多的关注，目前该方面工作还很有限，特别是在使用高分辨率气候模式进行未来变化预估方面。有研究以日最大湿球气温表征复合型高温 – 高湿极端事件，使用 3 个区域气候模式进行 RCP8.5 情景下的集合预估，结果显示，在中国东部的华北平原等地，气候变化叠加灌溉因素，会使得未来气候达到人体对高温高湿的承受阈值，使之成为不宜居地区。使用"有效温度"（包括气温、湿度和风速因子）这一人体热感受指数，基于区域气候模式集合预估的结果表明，到 21 世纪末，即使在中等温室气体排放路径下，炎热天气的人口暴露度也将大幅度增加，如全年没有炎热天气的人口数量将由 6 亿人减少至 2 亿多人，而炎热日数超过两个月时长这一当代几乎未曾发生的极端事件，届时将影响 2300 万人口[①]。

3.5　暴露度与脆弱性

极端和非极端事件的影响，以及它们能否构成灾害，除了事件本身的强度外，很大程度上取决于暴露度和脆弱性水平，暴露度和脆弱性是灾害风险及其影响的关键决定因素（IPCC，2012）。暴露度是指暴露在极端事件影响范围内的人员、生计、环境服务和各种资源、基础设施以及经济、社会或文化资产的总和。灾害经济损失增长的主要原因之一是人和经济资产暴露度的增加。脆弱性是指受到不利影响的倾向或趋势，在暴露度相同的条件下，不利影响的程度和类型取决于脆弱性（IPCC，2012）。在发达国家，极端事件造成的后果主要是经济损失。而在发展中国家，极端事件造成巨大经济损失的同时还带来重大人员伤亡。1970 ~ 2008 年，95% 以上由极端事件造成的人员死亡事故发生在发展中国家，这种差异主要是脆弱性和暴露度的不同所致（郑艳，2012）。

3.5.1　观测到的暴露度和脆弱性变化

随着经济和人口的增长及极端暴雨事件的增加，中国暴露在暴雨洪涝灾害下的人口和经济总量整体呈上升趋势，在 2010 年同时出现高值，之后人口和经济暴露度波动下降（高信度）。从影响人口看，1984 ~ 2019 年中国暴露在暴雨洪涝灾害下的多年平均人口为 8308 万人，总体呈上升趋势，每年增加约 149.58 万人，且各个地区均在 2010 ~ 2015 年达到最大值，其中华北和东北地区在 2000 ~ 2015 年达到最大值，随后均呈减

[①]　参考第一卷 13.5.2 节。

少趋势；从影响经济总量看，1984～2019 年中国暴露在暴雨洪涝灾害下的多年平均经济总量为 6048 亿元，总体也呈上升趋势，每年增加约 299.79 亿元，且各个地区均在 2010～2015 年达到最大值，其中西南地区在 2005～2015 年达到最大值，随后均呈下降趋势。1984～2019 年华东地区受暴雨洪涝灾害影响的多年平均人口和经济总量最多，分别达到 1969 万人和 1604 亿元（图 3-11）（王艳君等，2014）。

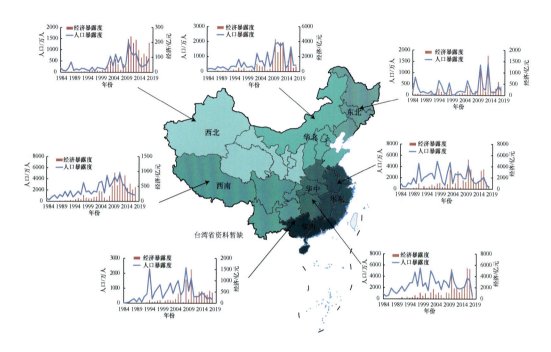

图 3-11　1984～2019 年中国暴雨洪涝灾害人口和经济暴露度变化

随着社会经济的发展，基础设施的完善和防灾减灾水平的提高，中国暴雨洪涝灾害的人口脆弱性在逐步降低，但经济脆弱性呈明显波动趋势（中等信度）。1984～2019 年中国暴雨洪涝灾害的人口脆弱性（受灾人口／总人口为人口脆弱性指标）为 4.49%，总体呈现下降趋势（−0.18%/a），其中最脆弱的区域为西南地区（10.09%）；1984～2019 年中国暴雨洪涝灾害的经济脆弱性为 0.30%，没有明显的变化趋势，其中最脆弱的区域为华中地区（0.57%）（图 3-12）（王艳君等，2014）。

3.5.2　暴雨洪涝影响的社会经济暴露度和脆弱性可能变化

全球温升 1.5～4℃，中国洪水影响范围将可能增加 42%～100%，经济暴露度可能增加 14～46 倍，直接经济损失可能增加 4～17 倍（中等信度）。暴雨洪涝灾害的强度变化是通过历史时期 1981～2010 年中 30 年、50 年和 100 年一遇的重现期变化表示的。温升为 1.5℃、2℃、2.5℃、3℃、3.5℃和 4℃时，中国 100 年一遇洪水的重现期可分别缩短 29%、32%、41%、50%、58% 和 58%（图 3-13）。在 1.5℃和 2℃温升情景下，

100 年一遇事件预计变为 50～100 年一遇的事件，而在 2.5℃、3℃、3.5℃和 4℃温升情景下，100 年一遇事件将可能变为 20～50 年一遇事件。

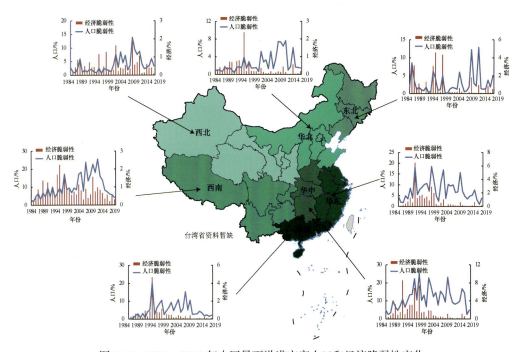

图 3-12　1984～2019 年中国暴雨洪涝灾害人口和经济脆弱性变化

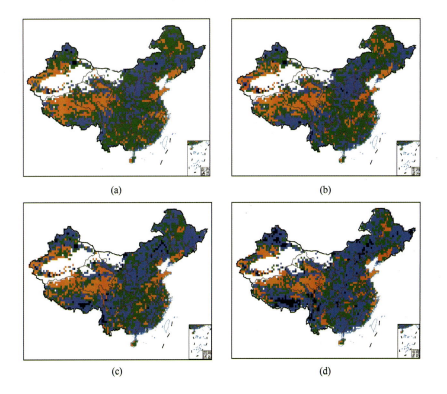

(a)　　　　　　　　　　　　　　(b)

(c)　　　　　　　　　　　　　　(d)

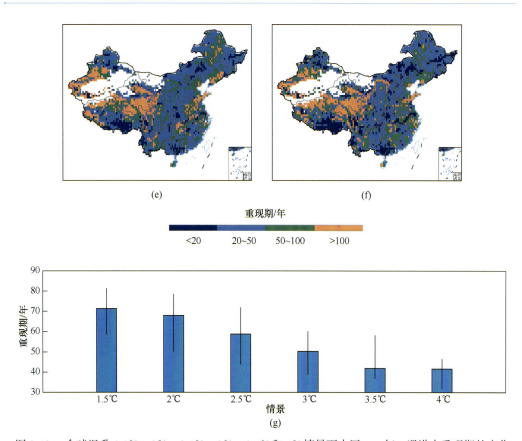

图 3-13 全球温升 1.5℃、2℃、2.5℃、3℃、3.5℃ 和 4℃ 情景下中国 100 年一遇洪水重现期的变化

基于不同温升水平下中国洪水影响范围预估结果以及 SSPs 下的 21 世纪 GDP 数据集的分析表明，随着全球变暖的加剧，经济的增长和受灾面积的增加，暴露在洪涝灾害下的 GDP 总量显著增加（图 3-14）。1981～2010 年，洪涝灾害影响面积约为 120 万 km²，受灾地区年 GDP 约为 0.32 万亿美元，占全国 GDP 的 14%。从基准期（1995～2004 年）（基准期比工业化革命前升温 0.7℃）到全球温升 4.0℃，预计受洪水影响面积将以 20 万 km²/0.5℃ 的速率增加（即全球平均气温每升高 0.5℃，中国受洪水影响的面积将增加约 20 万 km²），全球温升 1.5℃ 和 4.0℃ 时的洪水影响范围相比于基准期可能分别增加 42% 和 100%。随着影响面积 [图 3-14（b）] 和中国 GDP 总量 [图 3-14（a）] 的增加，暴露在洪涝灾害下的 GDP 总量也呈现明显的增加趋势，从基准期到全球温升 4.0℃ 时，经济暴露度的增速约为 2.2 万亿美元/0.5℃，全球温升 1.5℃ 和 4.0℃ 时，经济暴露度分别约是基准期的 14 倍和 46 倍 [图 3-14（c）]。

基于洪水强度和灾害经济损失脆弱性曲线与经济暴露度的未来变化，中国暴雨洪涝灾害损失将增加。全球温升 1.5～4.0℃ 时，洪水损失可能是 2006～2018 年的 4～17 倍（图 3-15）。

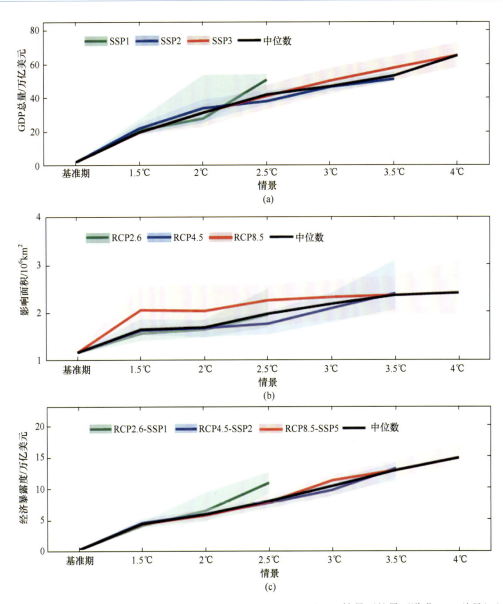

图 3-14　1981～2010 年、全球温升 1.5℃、2℃、2.5℃、3℃、3.5℃和 4℃情景下的暴雨洪涝 GDP 总量（a）、
影响面积（b）和经济暴露度（c）变化

3.5.3　未来干旱影响的社会经济暴露度和脆弱性可能变化

　　全球温升 1.5～2℃，中国干旱灾害造成的直接经济损失可能是基准期（1986～2005年）损失的 3～6 倍。未来经济损失的大幅度增加主要是干旱事件的强度、持续时间和干旱事件影响范围内社会经济总量增加，以及干旱脆弱性增大的后果（中等信度）。在气候变暖背景下，中国将可能面临更严重的干旱事件（本书干旱事件是指由气象、农业、水文和社会经济造成的干旱事件的综合）。随着气候变暖，干旱强度将从基准期（1986～

2005 年）的严重干旱变为全球温升 1.5℃和 2℃下的极度干旱 [图 3-16（a）]；年平均干旱影响面积将增加，分别从基准期的约 61 万 km² 增加到温升 1.5℃下的 71 万 km² 和温升 2℃下的 88 万 km² 左右 [图 3-16（b）]；而干旱事件频率呈下降趋势 [图 3-16（c）]。

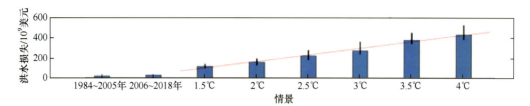

图 3-15　中国 1984～2018 年的洪水损失变化（历史记录损失），全球温升 1.5℃、2℃、2.5℃、3℃、3.5℃和 4℃情景下的损失变化

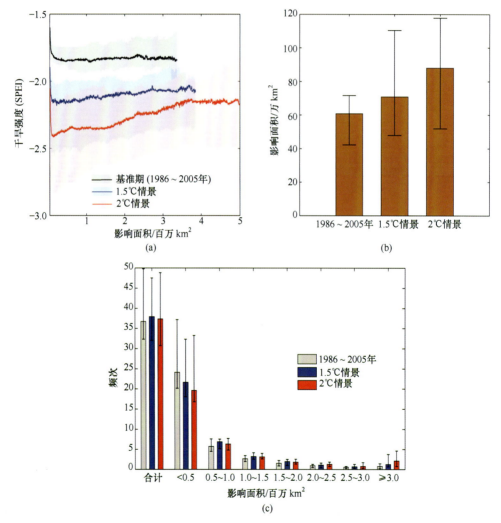

图 3-16　基准期（1986～2005 年）、全球温升 1.5℃和 2℃情景下中国平均干旱强度（a）、干旱事件影响面积（b）和频率（c）

　　1984 ~ 2015 年，中国干旱灾害每年的直接经济损失也超过 444 亿元，约占气象灾害总损失的 20%。当全球温升 1.5℃时干旱灾害直接经济损失是当前现状（2006 ~ 2015年）的 3 倍；全球温升 2℃时干旱灾害直接经济损失更高，为全球温升 1.5℃时损失的 2 倍 [图 3-17（a）]。未来损失大幅度增加不仅是干旱事件的强度和事件持续时间的增加所造成的，更是干旱暴露区内的社会经济和脆弱性增大的后果。随着经济社会发展，全球温升 1.5℃时干旱灾害直接经济损失占当年度 GDP 的比重从基准期的 0.23% 下降为 0.16%，但随着温度的持续升高，干旱灾害直接经济损失占 GDP 的比重的减少趋势将发生逆转；全球温升 2℃时，干旱灾害直接经济损失占 GDP 的比重将可能回到基准

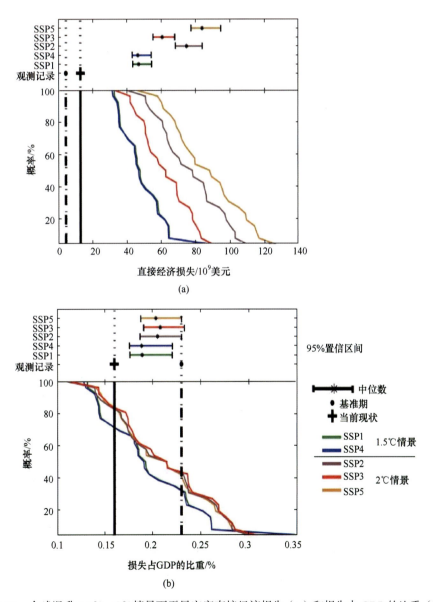

图 3-17　全球温升 1.5℃、2℃情景下干旱灾害直接经济损失（a）和损失占 GDP 的比重（b）

期的水平 [图 3-17（b）]。因此，把全球温升控制在 1.5℃内，将会减少数千亿元（人民币）的经济损失。

3.5.4 未来与高温热浪有关的人群健康暴露度和脆弱性可能变化

不考虑适应能力的提升，全球温升 1.5℃和 2℃情景下，中国城市高温引起的死亡人口将可能达到 8 万 ~ 14 万人。考虑适应能力的提高，全球温升 1.5℃和 2℃情景下，中国城市因高温造成的死亡人口将可能达到 4 万 ~ 7 万人；相较于 2℃，控温 1.5℃，中国城市每年可能会减少数万人的高温死亡风险（高信度）。采用 31 个全球气候模式（CMIP5）模拟、5 种 SSPs 下的人口性别和年龄结构，采用国际上通用的分布滞后非线性模型，从致灾因子、暴露度和脆弱性三方面系统地评估了中国城市高温的人口死亡风险，风险评估中特别考虑了未来适应能力的提升对脆弱性的改变作用（王艳君等，2014）。

在 RCP2.6（代表全球温升 1.5℃）和 RCP4.5（代表全球温升 2℃）的情景下，根据 31 个全球气候模式输出的平均值，这些城市的高温发生频率将不断上升，直到 2050年。2050 年后，高温天气发生频率增长速度将趋近于 0（RCP2.6）或放缓（RCP4.5）。在全球温升 1.5℃或 2℃的情景下，2060 ~ 2099 年平均每年的高温天数将可能分别比1986 ~ 2005 年增长约 32.6% 和 45.8%（图 3-18）。

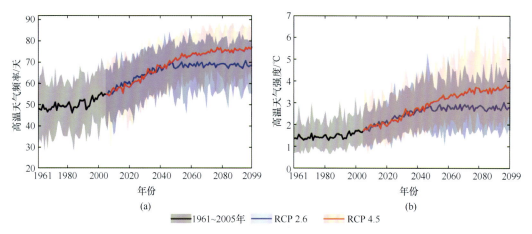

图 3-18　1960 ~ 2099 年中国大城市高温天气的频率与强度（Wang et al.，2019）

曲线和阴影代表 GCM 模型输出的总体均值和范围；以 1961 ~ 2005 年为参考（黑线和灰色区域），2005 ~ 2099 年，蓝线代表温室气体排放 RCP 2.6 的场景；红线代表温室气体排放 RCP 4.5 的场景

通过中国主要城市不同性别和不同年龄段人口相对死亡率风险和温度的关系可知（劳动人口年龄：15 ~ 64 岁），在达到最佳适宜温度范围后，随着温度的升高（高温）和降低（低温），人口相对死亡率风险均呈现上升的趋势（图 3-19）。

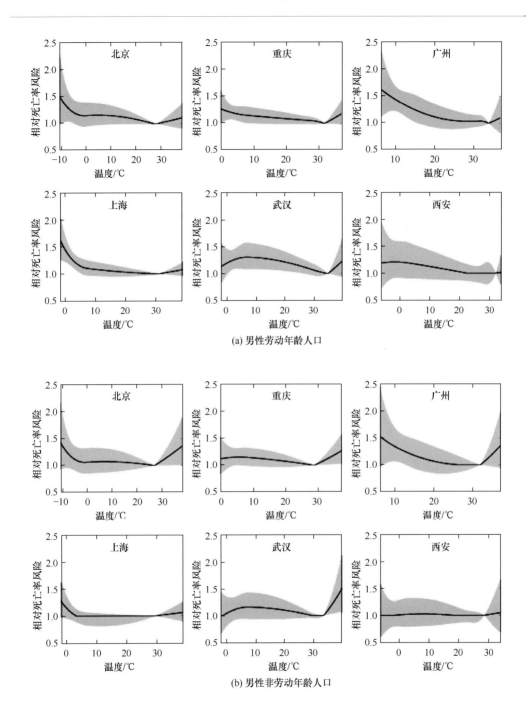

(a) 男性劳动年龄人口

(b) 男性非劳动年龄人口

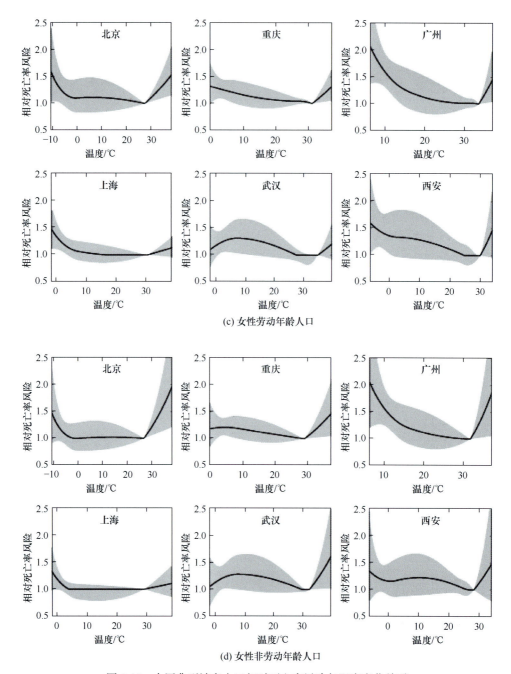

图 3-19　中国典型城市人口相对死亡率风险与温度变化关系

结合高温事件预估和人口脆弱性发现，不考虑适应能力的提高，全球温升 1.5 ~ 2℃，中国城市每百万人因高温引起的死亡人数可能由 100 ~ 130 人上升至 140 ~ 170 人。考虑适应能力的提高，全球温升 1.5℃和 2℃情景下，中国城市每百万人口因高温造成的死亡人数可能分别达到 50 ~ 70 人和 60 ~ 80 人（图 3-20）。中国老龄化的不断加剧，使得非劳动力人口（年龄小于15岁以及大于64岁）的高温死亡人数较当前将有大幅上升，而劳动力人口的高温死亡比例较当前会有所下降。尽管女性高温死亡人数依然大于男性，但随着性别比的缩小，高温死亡人口中性别差距将不断变小（图3-21）。

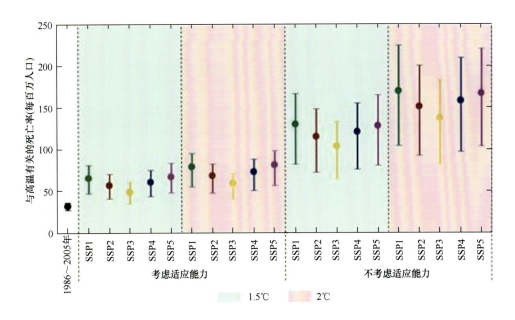

图3-20　1986～2005年全球温升1.5℃与2℃情景和5种SSPs下与高温有关的死亡率

图中点与直线分别表示多模式集合平均和变化范围

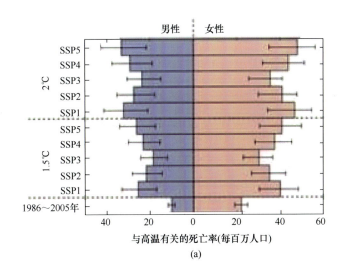

(a)

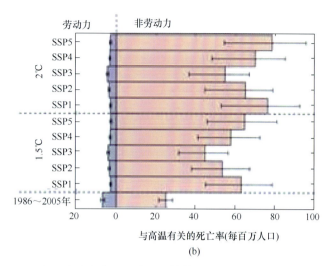

图 3-21　1986~2005 年、全球温升 1.5℃与 2℃情景和 5 种 SSPs 下与高温有关的死亡率对比

图中的柱和直线分别表示多模式集合平均和变化范围

3.6　未来气候变化风险

　　气候变化风险"来自气候相关危害（包括危害性事件和趋势）与人类和自然系统的暴露度和脆弱性的相互作用"，一般理解为包括极端天气气候事件、未来不利气候事件发生的可能性、气候变化的可能损失、可能损失的概率等，具有不确定性、未来事件、损害性以及相对性等特征。气候变化风险源主要包括两个方面：一是平均气候状况（气温、降水趋势），属于渐变事件；由于变化的缓慢性，其不利后果需要很长时间才能显现，其潜在的巨大影响和产生的长期后果可能被严重低估。多数的气候系统性风险均属于渐进性风险，气候影响会随着时间和空间的推移不断累积加重，经历一个量变到质变，从而导致风险爆发为灾害的过程。二是极端天气气候事件（热带气旋、风暴潮、极端降水、河流洪水、热浪与寒潮、干旱）属于突发事件。从事件发生的特点来看，这类风险的发生往往由极端天气气候事件所导致，与系统的致灾阈值密切相关。而致灾阈值与系统的暴露度和脆弱性关系紧密，在相同的天气气候条件下，系统的暴露度或脆弱性越高，致灾阈值就越低，发生灾害的可能性就越大[①]。

　　承险体即遭受负面影响的社会经济和资源环境，包括人员、生计、环境服务和各种资源、基础设施，以及经济、社会或文化资产等。暴露度和脆弱性是承险体的两个属性，前者指处在有可能受到不利影响位置的承险体数量，后者指受到不利影响的倾向或趋势，常以敏感性和易损性为表征指标。单独的气候变化与极端天气气候事件并

---

① 参考第二卷 1.2.1 节。

不一定导致灾害，必须与脆弱性和暴露度有交集之后才可能产生风险。承险体的发展规模和模式不仅决定着暴露度和脆弱性（承受极端事件的能力），还对人为的气候变化幅度与速率有直接作用[①]。

全球气候系统非常复杂，影响气候变化的因素非常多，对于气候变化趋势，在科学认识上还存在不确定性，特别是对于不同区域气候的变化趋势及其具体影响和危害，还无法做出比较准确的判断。但从风险评价角度而言，气候变化是人类面临的一种巨大环境风险[②]。

3.6.1　水资源

RCP2.6、RCP4.5 和 RCP8.5 排放情景下，未来气候变化影响下中国水资源系统风险和脆弱性发生了显著变化。至 21 世纪 30 年代，中国整体水资源脆弱性上升，中脆弱及以上的区域面积将明显扩大，极端脆弱区域面积也将进一步扩大（夏军等，2015；夏军等，2016；Xia et al., 2017）。

RCP4.5 排放情景下，当前和未来气候变化影响下中国水资源脆弱性省份数量和百分比对比（图 3-22 和图 3-23）表明，不同脆弱性等级省份数量变化非常明显，低脆弱省份数量从 14 锐减为 0（41% 减至 0），中低脆弱省份数量从 4 减少至 3（12% 减至 9%），中脆弱省份数量从 3 增至 13（9% 增至 38%），极端脆弱省份数量从 1 增至为 6（3% 增至 18%）；水资源系统不脆弱、中高脆弱和高脆弱的省份数量没有发生变化，但是地理位置发生了改变，区域面积显著扩大。相对于 RCP4.5 排放情景，RCP2.6 排放情景下内蒙古自治区水资源脆弱性为高脆弱；RCP8.5 排放情景下陕西省和甘肃省脆弱性仍为高脆弱，但脆弱性指数比 RCP4.5 略高（夏军等，2015）。

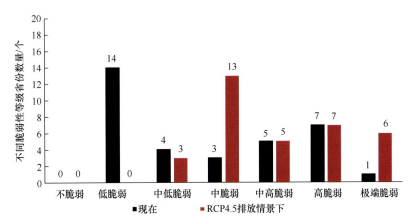

图 3-22　当前和未来气候变化（RCP4.5）影响下 21 世纪 30 年代中国水资源脆弱性省份数量对比

① 参考第二卷 1.2.1 节。
② 参考第二卷 1.2.2 节。

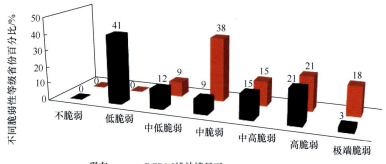

图 3-23　当前和未来气候变化（RCP4.5）影响下 21 世纪 30 年代中国水资源脆弱性省份百分比

未来中国部分地区强降水、洪涝等极端事件可能增加，洪、旱灾害将呈上升态势，对经济社会可持续发展产生不利影响。全球变化导致西北干旱区极端水文事件和洪、旱灾害增加。伴随全球变暖，山区冰川加速退缩，冰雪水储量呈减少态势，部分河流出现冰川消融拐点，冰川变化已经对水资源量及年内分配产生重要影响。全疆极端洪水呈区域性加重趋势，尤其是南疆区域极端洪水明显加剧。天山主要河流极端洪水变化与区域增温以及天山山区极端降水事件增多等有密切关系。未来海平面将继续上升，高潮潮位增加，暴雨、强风暴潮等极端事件发生的频次和强度增加，由于下游水位顶托，管网和泵站的排水能力将会被削弱，原有设计标准的防洪能力将明显降低，城市排水的难度将进一步加大，中国城市洪涝灾害的风险和强度将呈上升趋势。全球气候模式的模拟结果表明，未来青藏高原区域的变暖幅度也高于中国其他地区，未来夏季持续升温将引起源区冰川的进一步消融，冰湖溃决、冰崩、融雪型洪水等灾害的发生频率有可能进一步增加[①]。

随着全球气候变化以及经济社会发展带来的用水需求增加，高温热浪天数显著增加，未来中国干旱缺水将呈现出发生频率增加、受旱范围扩大、影响领域扩展、灾害损失加重等变化趋势[②]。

3.6.2　农业

气候变化背景下高温、干旱等极端气候事件频发对小麦、玉米等粮食作物产量和品质有不利影响（高信度）。气候变暖导致高温胁迫强度增强，从而将增加未来小麦减产的风险。在小麦品质形成的灌浆期，高温胁迫总体使小麦籽粒各蛋白质组分含量增多，当处于适度高温时，面团强度增强，小麦品质提高；当温度大于30℃时，影响谷蛋白大聚体的形成，导致面团强度变弱，小麦品质变差。干旱使小麦籽粒淀粉积累速率减小，籽粒直、支链淀粉和总淀粉含量减少，粒重下降，产量降低；干旱胁迫也可改变小麦胚乳淀粉组分、粒度分布、结晶度及其主要糊化参数，进而影响小麦品质[③]。

---

① 参考第二卷 2.4.1 节。
② 参考第二卷 2.4.2 节。
③ 参考第二卷 6.3.2 节。

未来温升 1.5℃ 和 2℃ 将使中国玉米产量下降 0.1% 和 2.6%，即使考虑 CO_2 肥效，温升 2℃ 也将使玉米产量降低 1.7%（Chen et al.，2018）。在温升 1.5℃ 和 2℃ 情景下，东北和西北种植区玉米产量升高，而华北和西南种植区玉米产量降低。花期及籽粒灌浆期高温胁迫使玉米减产，同时增加玉米籽粒的粗蛋白、粗脂肪和赖氨酸含量，降低玉米籽粒的粗淀粉含量。开花期干旱处理增加籽粒淀粉含量，降低籽粒蛋白质含量、淀粉粒径和支链淀粉中长链比例，使玉米籽粒品质变差。降水的空间分布直接导致了灾损程度在各地区的差异，其中西部灌溉绿洲农业区雨养种植春玉米干旱风险非常大，需大力发展节水灌溉。华北夏玉米产区是因干旱减产最大的区域，需关注气候变化影响下的干旱风险。在 RCP8.5 气候变化情景下，21 世纪末（2070～2099 年）与基准时段（1981～2010 年）相比，华北、华南、新疆和东北、西北部分地区等地（中等信度）气候变化导致的玉米产量损失超过 10%[①]。在未来（2011～2060 年）RCP4.5 气候变化的情景下，中国黄土高原马铃薯产量总体呈现下降趋势[②]。

气候变化和极端事件对棉花和油料等经济作物具有较大的风险。极端低温和极端高温都会影响棉花产量和质量。极端高温将抑制棉叶光合作用，增强棉株呼吸作用和蒸腾作用，导致棉株光合产物亏缺，体内水分供应失衡，花粉活性下降，不孕籽粒增加，蕾铃脱落，铃重下降，进而影响产量和品质。极端低温会影响棉花抗氧化酶活性和渗透调节物质含量，降低花粉活性，破坏叶片叶绿素，影响光合作用，极端低温对棉花产量和品质的影响程度与极端低温程度及其持续时间有关。洪涝灾害主要通过降低单株成铃数和伏桃数使产量下降[③]。

若无对应措施，温升 1.5℃ 中国大豆将减产 20%～30%，温升 2℃ 将减产 30%～50%；在有适应措施条件下，温升 1.5℃ 和 2℃，中国大豆将减产 0～5%。至 2100 年，气候变化将导致中国大豆减产 7%～19%（Chen et al.，2016）。在未来气候变化背景下，大豆主产国美国和巴西的大豆产量也将下降 0～50%。世界大豆生产"北缩南扩"趋势将继续加强，世界大豆贸易流将出现显著变化。

未来气候变化将导致中国油菜减产 1.83 万～2.63 万 t，减产区域主要在华南沿海、四川盆地和长江下游地区，产量波动性也呈加强趋势。气温升高可促进作物苗期新陈代谢，有利于油菜生长和安全越冬，但初夏高温易引起油菜产量和品质降低。油菜成熟期气温过高将导致种子含油量下降，低日照时数、干旱和初夏高温会导致油菜品质下降。在气候变化背景下，中国大部分地区花生生育期缩短，单产下降，21 世纪中叶以后花生减产幅度显著增加。气温升高、降水减少，使花生病虫害发生概率增加[④]。

---

① 参考第二卷 6.3.3 节。
② 参考第二卷 6.3.4 节。
③ 参考第二卷 6.4.1 节。
④ 参考第二卷 6.4.2 节。

3.6.3　冰冻圈

冰冻圈变化对社会经济系统的正面（致利）影响主要来源于冰冻圈为人类社会提供了巨大的服务功能，负面（致灾）影响则主要来源于冰冻圈变化对社会经济系统产生的风险。冰冻圈变化的正、负面影响如图 3-24 所示。气候变化将导致冰冻圈失稳和不确定性增强，进而增加冰冻圈灾害发生的频率和强度，这将更大限度地产生冰冻圈对社会经济系统的负面影响。冰冻圈对社会经济系统的影响和适应分析就是为了最大化冰冻圈资源服务于社会经济系统的能力，同时最小化社会经济系统由于冰冻圈变化所面临的相关风险。

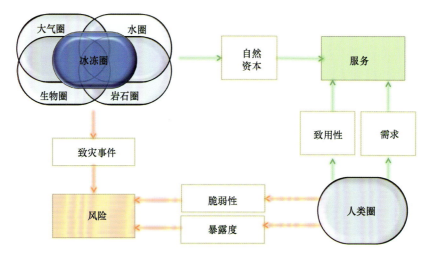

图 3-24　冰冻圈变化的正、负面影响（参考第二卷 3.5.1 节）

未来几十年喜马拉雅山以冰川消退后冰湖数量增加导致未来冰湖存在溃决的潜在风险[1]。

预计未来全球 10% 左右的海岸城市平均高水位变化将超过海平面上升的 10% 左右（其中 136 座城市影响最为严重）。目前，超过 3 亿人居住在低海拔沿海地区，每年遭受数百亿美元的损失。粗略估计，大约 1.3% 的全球人口暴露在百年一遇的洪水范围。随着海平面上升，其损害风险可能会显著增加，若不采取有效适应措施，到 2100 年末，其潜在损害将可能达到全球国内生产总值的 10%[2]。

3.6.4　生态系统

气候变化带来中国生态系统损失风险，主要体现为净初级生产力（NPP）的减少和物种的退化、生物多样性的丧失。在近期温升 0.84℃ 到远期温升 2.74℃ 情景下，风险面积将由近期的 132.6 万 km^2 增加至远期的 301.9 万 km^2，占全国面积的比例由 13.8% 增加至 31.5%。在近期，主要风险区集中于青藏高原、西北和华中地区，而在中

---

① 参考第二卷 3.4.2 节。
② 参考第二卷 3.4.3 节。

远期，青藏高原的风险远远大于其他地区，因此在未来气候变化下青藏高原很可能是中国生态系统多样性丧失最严重的区域[①]。

　　极端气候事件频率、范围和强度增大将对生态系统服务、环境和资源安全带来严重的威胁。极端干旱事件的增加可能不利于生态系统碳汇的增加。未来寒温带和中温带发生火灾的频率、范围和强度还可能增大，中国大兴安岭地区将面临更大的火灾风险。当前中国森林火灾的碳排放为 $10.2 \sim 11.3\text{Tg C/a}$，按照现有防火能力，未来排放强度将进一步增大，这将严重威胁森林生态系统碳汇功能[②]。

　　全球气候变化和人类活动共同加剧中国区域荒漠化、水土流失、石漠等风险，严重威胁生态系统功能。在 RCP4.5 情景下，中国干旱区土地荒漠化将在 $2014 \sim 2099$ 年恶化，在 RCP8.5 情景下，土地荒漠化恶化地区将占 74.51%。模拟显示，气温升高 4℃，流域水土流失将减少 $2.3 \times 10^4\text{t}$；而气温不变，增加流域降水量则会增加水土流失；辽宁的大洋河流域在温度上升 3℃、降水增加 15% 的情景下，水土流失将增加 17.73%；汤河流域在温度上升 3℃、降水增加 4% 的情景下，水土流失将增加 9.16%。水土流失在某些区域还将因地表土壤损失导致基岩裸露，造成石漠化。气候变化引发的全球降水格局改变将引发区域土壤底层或地下水的盐分随毛管水上升到地表，在水分蒸发后导致土壤盐渍化，尤其是在中国西北干旱半干旱地区[③]。

　　极端气候事件造成火灾及病虫害等生态灾害和风险。由气候变化引发的区域暖干化，对火灾及病虫害发生也将产生重要影响。在 RCP2.6、RCP4.5、RCP6.0 和 RCP8.5 情景下，中国 $2021 \sim 2050$ 年森林火灾可能性高和很高的区域将分别增加 0.6%、5.5%、2.3% 和 3.5%，其中华北地区的增幅最为明显。在更长时间尺度的不同情景下，$2081 \sim 2100$ 年的中国东北和北方森林火灾总发生密度（每年中值 $0.36/1000\text{km}^2$）将增加 $30\% \sim 230\%$。随着气候变暖的发生，现有昆虫（如油松毛虫）分布区也将从南向北迁移。不同气候情景（RCP2.6、RCP4.5、RCP6.0 和 RCP8.5）下的中国草地螟越冬区在 21 世纪 50 年代和 70 年代相对于当前都将有不同程度的扩大和北移[④]。

　　未来气候变化背景下，生物多样性由于分布范围改变，加重多样性丧失和物种灭绝风险。在未来气候变化情景下，中国 91 种两栖动物中分布范围丧失 $40\% \sim 60\%$ 的物种数量最多，为 $18 \sim 29$ 种。115 种爬行动物中分布范围丧失小于 20% 的物种数量最多，为 $58 \sim 77$ 种，而分布范围丧失 60% 以上的物种有 $4 \sim 8$ 种。另外，对中国 134 种两栖动物分析表明，在 RCP2.6、RCP4.5、RCP6.0 和 RCP8.5 情景下，两栖动物大多数分布范围将丧失 20%，超过 90% 的物种的适宜栖息地将向北部迁移，超过 95% 的物种向高海拔迁移，超过 75% 的物种向当前范围西部迁移。114 种鸟类中分布范围丧失比例小于 40% 的最多，有 $44 \sim 59$ 种，丧失达 60% 以上的有 $1 \sim 6$ 种[⑤]。

　　到 2050 年，面临较高濒危风险的动物将有 $5\% \sim 30\%$。中国 208 个特有和濒危的物种中，135 个物种的适宜分布范围将减少 50% 以上。在 CMIP5 情景下，大熊猫栖息

① 参考第二卷 4.3.1 节。
② 参考第二卷 4.4.1 节。
③ 参考第二卷 4.4.2 节。
④ 参考第二卷 4.4.3 节。
⑤ 参考第二卷 4.5.2 节。

地将丧失 52.9%～71.3%；在 RCP8.5 情景下，适宜生境和主食竹气候适宜区在 2050 年将减少 25.7%，到 2070 年将减少 37.2%。川金丝猴适宜生境面积减少得更多，可能将达到 51.22%。在 RCP2.6 和 RCP8.5 情景下，黑麂适宜生境面积到 2050 年将分别减少 11.9% 和 36.9%，核心区域面积将分别减少 20.5% 和 55.2%。据预估，2050 年面临较高濒危风险的野生植物占到评估植物数的 10%～20%[①]。

未来气候变化与非气候因素的叠加和协同效应，加剧典型海洋生态系统的脆弱性，并降低对环境变化的自适应能力（表 3-2）[②]。

表 3-2　中国典型海洋生态系统的脆弱性和关键风险

气候变化因子	人类活动	脆弱性和关键风险
海水升温和热浪；海水酸化；海平面上升；极端天气降水、干旱和低温寒潮；台风强度增加	破坏性捕捞；过度捕捞；围填海工程和海岸带开发建设；陆源污染物输入	珊瑚热白化死亡频发、珊瑚多样性降低、群落结构发生改变、珊瑚礁生态系统发生相变和退化、生境三维结构复杂性降低、珊瑚礁钙化速率降低、礁体生长速率减慢； 热带红树林生物多样性降低、物种组成改变，高纬度红树林生物多样性增加，红树林分布范围扩大北移，同时生物入侵和竞争可能增强，进而导致红树林生态位发生变化，海平面上升对近岸红树林的威胁较大； 升温影响热带海草的生长并影响海草开花、种子扩散和萌发等物候事件，海草的物种丰度和地理分布会受到影响，海平面上升主要影响海草床生境的适宜程度，进而可能造成海草床毁坏和损失； 极端气候事件，如台风和降水对典型海洋生态系统的干扰增多增强； 区域物种灭绝风险增加、渔业生产力下降、海洋旅游业受损、防浪护岸保礁功能弱化； 人类活动和气候变化耦合协同效应加剧典型海洋生态系统的脆弱性和风险

3.6.5　人居环境

未来气候变化将影响人居环境的居民健康、居住条件、城市生命线和城市生态环境等方面（图 3-25）[③]。

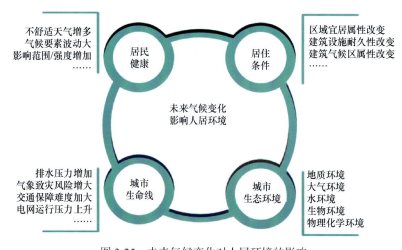

图 3-25　未来气候变化对人居环境的影响

---

① 参考第二卷 4.5.3 节。
② 参考第二卷 5.5 节。
③ 参考第二卷 8.5.2 节。

气候变化与叠加快速城镇化导致城市"五岛效应"（热岛、雨岛、干岛、静风岛和浑浊岛）。城市集群化发展已经改变了城市群的地表热场空间格局，随时间推移，城市热岛的增强趋势在未来 10 多年还将持续，气候变化和城市化的叠加影响将使得城市面临更大的极端高温风险；中国降雨朝着极端化方向发展的趋势有可能进一步加剧，未来暴雨洪涝风险较高的地区集中在中国中东部及沿海地区，这种极端降水的变化趋势在城市的响应明显，随着城镇化发展，城镇化发展速率越快，越有可能触发大面积暴雨内涝的显著增加[①]。

沿海地区大城市和城市群人口与财富密集，极易受到海平面上升的破坏性冲击。东部沿海地区的三大城市群（京津冀、长江三角洲、珠江三角洲）是中国最重要的战略经济区，这一地区的土地面积仅占全国的 5%，但却拥有全国 23% 的总人口和 39% 的 GDP 总量。其中，沿海城市极易因海平面上升而使风暴潮和海水入侵的危害加剧，如上海黄浦江防汛墙设计水位为 1000 年一遇，若海平面上升 20～50cm，长江三角洲的海防堤标准将由 100 年一遇降为 50 年一遇；受海平面上升和地面沉降等因素影响，黄浦江市区段防汛墙的实际设防标准已降至约 200 年一遇[②]。

极端降水强度、频率和持续时间增强，极端降水事件很可能加大。在 RCP8.5 情景下，21 世纪中期亚洲中高纬度的降水呈现增加趋势，在 1.5℃ 和 2℃ 温升情景下，中国东部、西南部和青藏高原地区将发生更严重的极端降水，21 世纪末全国强降水事件强度平均增加值为近 30%，目前，50 年一遇的强降水事件在 21 世纪末将很有可能变为几年一遇。对于热岛效应显著的内陆地区，城市群已发现小时降水强度显著增加的情况。京津冀、长江三角洲和珠江三角洲三大城市群的城市化发展有利于降水增加的作用信号更加明显，尤其是位于全国极端小时降水强度中心地带的粤港澳大湾区城市群，随着城市化进程中的热岛效应不断持续，可以预期未来城市小时降水的极端化趋势进一步增强。

气象条件的改变极有可能导致大气污染物扩散受阻（高信度）。以北京地区为例，没有雾霾的冬日蓝天出现的概率在 20 世纪下半叶比上半叶减少了 50%，而多模式的 RCP8.5 情景模拟分析表明，未来还将进一步减少到 60%。对京津冀地区 RCP8.5 情景下的典型月份进行动力降尺度预估，该区域整体呈现温度升高，风速、相对湿度及大气边界层高度均降低的趋势，年均大气污染物（$PM_{2.5}$、SO_2 及 NO_x）浓度整体呈现升高的趋势，京津冀地区未来很可能面临空气质量恶化的潜在风险。对政策控制排放情景下黑碳气溶胶排放预测表明，京津冀地区降水减少，夏季珠江三角洲略有降温并在冬季保持，秋、冬季京津冀地区出现升温。气候暖干化导致水资源严重缺乏地区城市规模扩展与人口数量增长受到制约[③]。

---

① 参考第二卷 8.2.3 节。
② 参考第二卷 8.3.1 节。
③ 参考第二卷 8.5.1 节。

3.6.6 人群健康

全球气候变化导致与高温热浪相关的死亡风险升高。在 RCP8.5 情景下，全球 23 个国家与气温变化相关的超额死亡率出现净增长，中国为 1.50%（95% CI：–2.00% ~ 5.40%）。广州研究案例显示，气候变化将加剧未来人口增长和老龄化情景下的健康负面影响，如果采取适应措施可以部分抵消增加的与热相关的寿命损失年。结合未来人口变化研究发现，与 1971 ~ 2020 年相比，2031 ~ 2080 年在 RCP8.5 排放情景下中国因热浪所导致的超额死亡率可增加 35%。北京市 2020 年、2050 年、2080 年的心脑血管与呼吸系统疾病的死亡风险均会随时间的推移而显著增加，高排放情景下的增长远高于低排放情景[①]。

气候变化使媒传疾病的范围扩散、风险上升。气候变暖将使绝大多数媒传疾病向更高纬度与高海拔地区扩展，如未来气候变化会使更多地区适合登革热传播和流行。基于生物驱动模型的登革热预估显示，未来所有 RCPs 情景下中国登革热的风险区均显著北扩，风险人口显著增加。当前（1981 ~ 2010 年）中国的 142 个县（区）的 1.68 亿人口处于登革热高风险状态。在 RCP2.6 情景下，2050 年登革热的高风险区将覆盖 344 个县（区）的 2.77 亿人口，2100 年登革热的高风险区将覆盖 277 个县（区）的 2.33 亿人口。在 RCP8.5 情景下，登革热的高风险范围将进一步扩大，2100 年将增加至 456 个县（区）的 4.9 亿人口[②]。

3.6.7 重大工程

气候变化对重大水利工程运行的不利影响导致灾害的风险突出。极端降水的增多将使三峡水库入库水量增加，尤其当入库水量超过原库容设计标准及相应正常蓄水位时，可能引起水库运行风险；三峡工程及其周边地区未来极端天气气候事件发生频率及强度可能增大，将引发超标洪水，对三峡工程造成防洪压力；而极端降水强度和频次的增加，可能会增加库区突发泥石流、滑坡等地质灾害的概率，对水库管理、大坝安全以及防洪等产生不利影响[③]。

在 RCP4.5 和 RCP8.5 两种未来气候变化情景下，南水北调工程水源区与海河受水区汛期、非汛期及全年同旱事件发生概率较现状有不同程度的增加，尤其汛期遭遇同旱和非汛期遭遇同重旱的概率明显增大。未来南水北调东线工程和中线工程水源区的温度和降水量均呈现增加趋势，汉江上游的径流量较基准期将出现先减少后增大的趋势。蒸发量增大，使得径流量增加不显著，径流量的增加不足以抵消需水量的增加，华北地区缺水的局面仍不能得到根本性解决，未来供水仍面临一定挑战[④]。

气候变化对冻土区工程的安全运行具有明显的风险。气候和工程热扰动对青藏铁

---

① 参考第二卷 9.2.1 节。
② 参考第二卷 9.2.4 节。
③ 参考第二卷 10.2.1 节。
④ 参考第二卷 10.2.2 节。

路的桥梁及路桥过渡段产生了较大的影响，对 220km 的 164 座桥梁调查的结果显示，83% 的路桥过渡段发生了显著的沉降变形，平均沉降量达 70mm。同时，桥梁护锥沉降、表面开裂和隆起、冬季局部路基因冻融过程差异导致冻结层上水在路基坡脚处溢出，出现了冰锥等病害问题。个别桥梁因桥梁桩基下部冻结层下水异常发育，导致桩基周围冻土退化显著，桩基发生了下沉问题[①]。

　　青藏交直流联网工程是中国西部大开发重点工程之一，该工程由西宁—格尔木 750kV 输变电工程、格尔木—拉萨 ±400kV 直流输电工程、藏中 220kV 电网工程三部分组成。其中，格尔木—拉萨 ±400kV 直流输电工程全长 1038km，穿越的 550km 多年冻土区中，共有杆塔 1207 基，占全线基础总量的 51%。该工程于 2011 年 12 月 9 日竣工投运，是世界上首次在海拔 4000～5000m 及以上建设的高压直流线路，其建设投产将对西藏经济和社会的可持续发展起到重要的战略保障和促进作用。在输电线路跨越的多年冻土区中，多年冻土热稳定性差、水热活动强烈、厚层地下冰和高含冰量冻土所占比重大、对环境变化极为敏感，冻胀、融沉以及冻拔作用等问题对工程的设计、施工和安全运营等构成了严重威胁，尤其是气候变化引起的冻土不断退化更加剧了这些问题的产生[②]。

　　中俄输油管道工程。修建原油管道时，植被铲除破坏了地表能量平衡，不但影响了冻土热状态，而且也破坏了水力通道，导致管沟积水，加速其周围冻土退化。管道沿线气候持续转暖，再加上人类活动的加剧，导致管道沿线冻土升温并持续退化，进而造成管沟地表沉陷和积水、管沟纵向裂缝等，管沟积水下渗进一步加快管道周围冻土退化。管道相当于一个内热源持续不断加热其周围冻土，管道周围常年存在一个融化圈，且随着运营时间的延长不断增大。气候转暖和工程热扰动下管道周围冻土融化和固结沉降给管道的安全稳定运行造成了潜在的威胁[③]。

知识窗

翻转点、"黑天鹅"事件、"灰犀牛"事件及新兴风险

　　近年来，在气候系统和环境变化领域，翻转点、"黑天鹅"事件、"灰犀牛"事件以及新兴风险越来越多地被提及，四个概念之间具有同类型性，但也有不同含义，以下分别加以阐释。

　　翻转点：一般指一个系统由一种状态转变为另一种全新状态时假设的临界阈值。这种转变可能是突发且/或不可逆的。对于气候系统来说，翻转点指的是在人类活动影响下导致全球或区域气候发生突变，从一种稳定状态转变为另一种状

①　参考第二卷 10.3.1 节。
②　参考第二卷 10.3.2 节。
③　参考第二卷 10.3.3 节。

态的假设临界阈值（Kopp et al., 2016; IPCC, 2019）。易受翻转点影响的地球系统组分被称为临界要素。临界要素一旦突破翻转点，可能会激发一系列突变和非线性响应，或者加速气候系统某些正反馈过程，从而产生全球性的级联效应，最终对人类生存与文明产生重大影响。目前，已经认识到有9个要素十分接近翻转点，分别为亚马孙热带雨林干旱频发、北极海冰面积减少、温盐环流自1950年变缓、北方森林火灾和虫害发生、全球珊瑚礁大规模死亡、格陵兰冰盖加速消融、多年冻土退化、西南极冰盖和东南极威尔克斯盆地加速消融（Steffen et al., 2018; Lenton et al., 2019）。

"黑天鹅"事件与"灰犀牛"事件：黑色天鹅由于罕见，常被用于形容难以预测的事件（现在黑色的天鹅虽然并不罕见，但该词已约定俗成）。因此，"黑天鹅"事件一般指难以预测，发生具有意外性，会产生重大负面影响的事件。除了其意外性和所产生的结果非常极端之外，"黑天鹅"事件的另外一个重要的特点是虽然它具有意外性，但人的本性促使我们在事后为它的发生编造理由，并且或多或少认为它是可解释和可预测的。例如，在2019年底突发的新冠肺炎（COVID-19）疫情即典型的"黑天鹅"事件。气候系统中的"黑天鹅"事件是指小概率高影响（low likelihood and high impact, LLHI）的气候事件。例如，位于西南极的拉森冰架A、B和C分别在1995年、2002年和2017年发生崩塌，造成该地区物质持续损失，1992～2017年南极冰盖物质损失了约27200亿t，相当于使得海平面上升约7.6mm，而由冰架崩解造成的南极半岛的物质损失率由70亿t/a增加到330亿t/a（The IMBIE Team, 2018）；2016年7月17日，阿里地区阿汝错流域的53号冰川发生大规模崩塌事件，向冰川下游至阿汝错湖岸堆积了约70万m³的冰体，导致当地9名牧民遇难，掩埋了上百头家畜（邬光剑等，2019）。"灰犀牛"事件是与"黑天鹅"事件相对而言的概念。灰犀牛以其相对温顺，但当其奔袭而来时速度极快、无法逃脱的特点被用于表达另一类事件，一般指的是早有预兆，但是没有得到足够重视，从而导致严重后果。因此，"灰犀牛"事件定义为概率大且影响巨大的潜在风险，在出现一系列警示信号和迹象之后可能发生的大概率事件。当前，以变暖为主要特征的长期气候变化就是一种"灰犀牛"事件，也许人们还不能感受到气候变化带来的现实威胁，但持续变暖导致极端天气气候事件趋强趋多，对自然系统、社会经济系统产生的显著不利影响已经是大概率要发生的，到那时也许人类已失去挽救机会。不加控制的气候变暖将成为严重威胁全球可持续发展的"灰犀牛"事件（潘家华和张莹，2018）。

新兴风险：是指气候变化或自然-社会经济变化导致某区域出现新的一类不利影响的可能性；或间接、跨界或长距离的气候变化，以及自然-社会经济不当适应（maladaptation）举措引起的风险。新兴风险有三大特征：新生性、系统性和极端性。新生性是指没有历史防范经验可以借鉴，现有的技术手段失效，需要时间来逐渐认知此类风险，防范和化解新兴风险的方案还需要时间逐步完善。系统性是指各类致灾因子交织叠加共同作用于社会系统并产生具有

"多米诺骨牌"效应的严重连锁危机。现代社会各个系统、领域之间的联系非常紧密,一旦某个局部发生风险,整个社会都可能受到广泛的影响,并且涉及面广,覆盖人群数量大,发生的危害迅速波及更大范围,灾害损失会呈现非线性放大的响应。

全球变暖导致气候系统或者相应圈层发生了一系列的变化,出现了一些新兴风险,如高纬度地区出现森林火灾、海洋上出现热浪的可能性大幅度提高。在 2012 年之前,科学家并没有意识到海洋热浪的存在。海洋热浪会导致海洋生物大面积死亡、种域变化和群落重构,从而改变整个生态系统的结构和功能。此外,海洋热浪还会影响生态系统的产品和服务,如渔业捕捞量和生物地球化学过程,给社会经济和政治带来严重影响(Smale et al., 2019)。Thomas 等(2018)通过 1982～2016 年的全球日均海表温度数据,以及 1861～2100 年的 12 个全球地球系统模型研究表明,全球气候持续变暖将导致海洋热浪的出现频率更高、范围更广、强度更大、持续时间更久。

冰冻圈是受全球变暖影响较大的圈层。全球变暖导致冰冻圈的致病微生物被释放出来的可能性急剧升高,这对生态系统将是一个严峻的挑战,但目前对这一问题还缺乏深入研究。2016 年,西伯利亚暴发了炭疽热,致使 2000 多头驯鹿死亡、96 人住院。相关研究表明,此次疫情是多年冻土的融化使得一具感染了炭疽芽孢的鹿尸解冻而引起的。此外,相关研究发现,西伯利亚冻土中复活了一种具有 3 万年历史的巨病毒,并发现这种病毒仍可感染它的靶标——单细胞变形虫。随着全球变暖的加剧,冰冻圈释放未知的微生物进程将提速,将有更多的病毒随着极地和高山冰川融水而进入下游的海洋和河流。如此巨量的病毒粒子将要在新的生态系统中传播和生存,并具备侵染完全不同宿主的可能性,这将对新的宿主生态系统产生重大影响(陈拓等,2020)。

大西洋经向翻转环流(Atlantic meridional overturning circulation,AMOC)自 20世纪中期以来减缓了 15%(Caesar et al., 2018),格陵兰冰盖加速融化和 AMOC 变缓将进一步干扰西非季风的稳定性,触发撒哈拉地区的干旱事件,也可能导致亚马孙变干,破坏东亚季风并使得南大洋积聚热量,进而加速南极冰量的损失(Lenton et al., 2019)。格陵兰冰盖的快速融化和南极部分地区冰架的崩解将会在世纪至千年尺度上造成海平面上升 10m(IPCC,2019)。喜马拉雅冰川消失将显著改变发源于冰川的大江大河的径流过程,进而威胁下游十几亿人口的生存用水安全和粮食生产(Immerzeel et al., 2010)。

图 3-26 展示了气候系统中部分潜在的翻转点及其级联效应,需要说明的是,即使《巴黎协定》提出将全球平均温升控制在相对工业化水平前的 1.5～2℃,也并不能排除翻转点级联效应将地球系统推向不可逆转的"热室地球"的可能性(Steffen et al., 2018)。虽然我们可能已经无法控制气候系统是否会突破翻转点,但仍可以通过减少排

放以减缓其影响速率，从而降低风险（Lenton et al.，2019）。

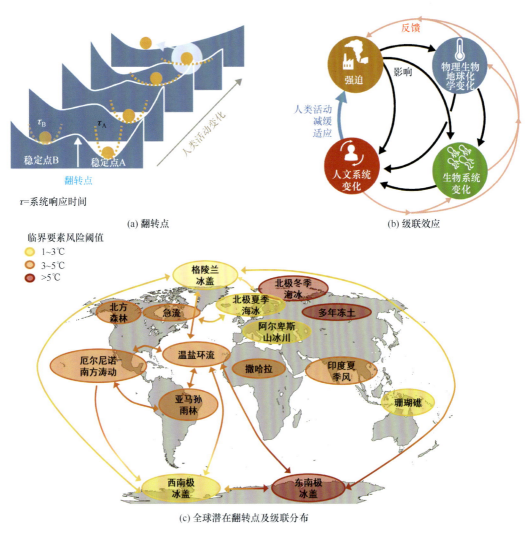

(a) 翻转点

(b) 级联效应

(c) 全球潜在翻转点及级联分布

图 3-26 气候系统翻转点及其级联效应示意图（Steffen et al.，2018；IPCC，2019）

■ 参考文献

曹丽格，方玉，姜彤，等．2012．IPCC 影响评估中的社会经济新情景（SSPs）进展．气候变化研究进展，1：74-78.

陈拓，张威，刘光琇，等．2020．冰冻圈微生物：机遇与挑战．中国科学院院刊，35（4）：434-442.

姜彤，王艳君，苏布达，等．2020．全球气候变化中的人类活动视角：社会经济情景的演变．南京信息工程大学学报（自然科学版），12（1）：60-80.

姜彤，王艳君，袁佳双，等 . 2018. "一带一路"沿线国家 2020—2060 年人口经济发展情景预测，气候变化研究进展，14（2）：155-164.

姜彤，赵晶，景丞，等 . 2017. IPCC 共享社会经济路径下中国和分省人口变化预估 . 气候变化研究进展，13（2）：128-136.

潘家华，张莹 . 2018. 中国应对气候变化的战略进程与角色转型：从防范"黑天鹅"灾害到迎战"灰犀牛"风险 . 中国人口·资源与环境，28（10）：1-8.

潘金玉，苏布达，翟建青，等 . 2019. 基于共享社会经济路径的中国经济发展趋势及其影响要素分析 . 气候变化研究进展，15（6）：607-616.

田晓瑞，舒立福，赵凤君，等 . 2017. 气候变化对中国森林火险的影响 . 林业科学，53（7）：159-169.

王艳君，高超，王安乾，等 . 2014. 中国暴雨洪涝灾害的暴露度与脆弱性时空变化特征 . 气候变化研究进展，10（6）：391-398.

魏书精，罗斯生，罗碧珍，等 . 2020. 气候变化背景下森林火灾发生规律研究 . 林业与环境科学，36（2）：133-143.

邬光剑，姚檀栋，王伟财，等 . 2019. 青藏高原及周边地区的冰川灾害 . 中国科学院院刊，34（11）：1285-1292.

夏军，刘春蓁，刘志雨，等 . 2016. 气候变化对中国东部季风区水循环及水资源影响与适应对策 . 自然杂志，38（3）：167-176.

夏军，雒新萍，曹建廷，等 . 2015. 气候变化对中国东部季风区水资源脆弱性的影响评价 . 气候变化研究进展，11（1）：8-14.

张冬峰，高学杰 . 2020. 中国 21 世纪气候变化的 RegCM4 多模拟集合预估 . 科学通报，65（23）：2516-2526.

张杰，曹丽格，李修仓，等 . 2013. IPCC AR5 中社会经济新情景（SSPs）研究的最新进展 . 气候变化研究进展，9（3）：225-228.

郑艳 . 2012. 将灾害风险管理和适应气候变化纳入可持续发展 . 气候变化研究进展，8（2）：103-109.

中国气象局气候变化中心 . 2021. 中国气候变化蓝皮书（2021）. 北京：科学出版社 .

Caesar L，Rahmstorf S，Robinson A, et al. 2018. Observed fingerprint of a weakening Atlantic Ocean overturning circulation. Nature，556(7700)：191-196.

Chen H，Sun J，Lin W，et al. 2020. Comparison of CMIP6 and CMIP5 models in simulating climate extremes. Science Bulletin，65（17）：1415-1418.

Chen S，Chen X G，Xu J T. 2016. Impacts of climate change on agriculture：evidence from China. Journal of Environmental Economics and Management，76：105-124.

Chen Y，Zhang Z，Tao F L. 2018. Impacts of climate change and climate extremes on major crops productivity in China at a global warming of 1.5 and 2.0℃ . Earth System Dynamic，9：543-562.

Fischer T，Su B，Wen S. 2015. Spatio-temporal analysis of economic losses from tropical cyclones in affected provinces of China for the last 30 years（1984–2013）. Natural Hazards Review，16（4）：04015010.

Fouillet A，Rey G，Jougla E，et al. 2006. The relationship between summer daily temperature and mortality in France：1975 to 2003. Current Genetics，32（1）：60-65.

Immerzeel W W，van Beek L P H，Bierkens M F P. 2010. Climate change will affect the Asian water towers. Science，328：1382-1385.

IPCC. 1990. Climate Change 1990：the IPCC Scientific Assessment. Cambridge：Cambridge University Press.

IPCC. 1992. The Supplementary Report to the IPCC Scientific Assessment. Cambridge：Cambridge University Press.

IPCC. 2001. Climate Change 2001：the Scientific Basis. Cambridge：Cambridge University Press.

IPCC. 2007. Climate Change 2007：the Physical Science Basis. Cambridge：Cambridge University Press.

IPCC. 2012. Managing the Risks of Extreme Events and Disasters to Advance Climate Change Adaptation：a Special Report of Working Groups Ⅰ and Ⅱ of the Intergovernmental Panel on Climate Change. Cambridge：Cambridge University Press.

IPCC. 2013. Climate Change 2013：the Physical Science Basis. Cambridge：Cambridge University Press.

IPCC. 2019. The Ocean and Cryosphere in a Changing Climate. A Special Report of Working Groups I and II of the Intergovernmental Panel on Climate Change. Cambridge：Cambridge university Press.

IPCC. 2021. Summary for policymakers//Masson-Delmotte V，Zhai P，Pirani A. Climate Change 2021: the Physical Science Basis. Contribution of Working Group I to the Sixth Assessment Report of the Intergovernmental Panel on Climate Change. Cambridge：Cambridge University Press.

Kopp R E，Shwom R，Wagner G，et al. 2016. Tipping elements and climate-economic shocks：pathways toward integrated assessment. Earth's Future，4（8）：346-372.

Lenton T M，Rockstrom J，Gaffney O，et al. 2019. Climate tipping points—too risky to bet against. Nature，575（7784）：592-595.

Li Q，Dong W，Jones P. 2020b. Continental scale surface air temperature variations：experience derived from the Chinese region. Earth-Science Reviews，200：102998.

Li Q，Sun W，Huang B，et al. 2020a. Consistency of global warming trends strengthened since 1880s. Science Bulletin, 65（20）：1709-1712.

O'Neill B C，Kriegler E，Riahi K，et al. 2014. A new scenario framework for climate change research：the concept of Shared Socioeconomic Pathways. Climatic Change，122（3）：387-400.

Simpkins G. 2017. Progress in climate modeling . Nature Climate Change，7：684-685.

Smale D A，Wernberg T，Oliver E C J，et al. 2019. Marine heatwaves threaten global biodiversity and the provision of ecosystem services. Nature Climate Change，9：306-312.

Steffen W，Rockstrom J，Richardson K，et al. 2018. Trajectories of the earth system in the Anthropocene. Proceedings of the National Academy of Sciences of the United States of America，115（33）：8252-8259.

The IMBIE Team. 2018. Mass balance of the Antarctic Ice Sheet from 1992 to 2017. Nature，558：219-222.

Thomas F，Fischer E M，Gruber N. 2018. Marine heatwaves under global warming. Nature，560：360-364.

Valleron A J，Boumendil A. 2004. Epidemiology and heatwaves：analysis of the 2003 episode in France. Comptes Rendus Biologies，327：1125-1141.

Walker X J，Baltzer J L，Cumming S G，et al. 2019. Increasing wildfires threaten historic carbon sink of boreal forest soils. Nature，572（7770）：520-523.

Wang Y J，Wang A Q，Zhai J Q，et al. 2019. Tens of thousands additional deaths annually in cities of China between 1.5℃ and 2.0℃ warming. Nature Communications，10：3376.

World Meteorological Organization（WMO）. 2013. The Global Climate 2001–2010：a Decade of Climate Extremes. Geneva：WMO.

Wu J，Gao X. 2020. Present day bias and future change signal of temperature over China in a series of multi-GCM driven RCM simulations. Climate Dynamics，54（1）：1113-1130.

Xia J，Zhang Y Y，Xiong L H，et al. 2017. Opportunities and challenges of the Sponge City construction related to urban water issues in China. Science China Earth Sciences，60（4）：652-658.

第4章　适应与减缓措施及行动成效

- **执行摘要**

　　适应与减缓气候变化是应对气候变化的两个主要措施。适应是向实际发生的或者预期将要发生的气候变化及其影响进行调整的过程。在人类系统中，适应的目的是趋利避害；在自然系统中，人类的干预可以加速向预期的气候变化及其影响进行调整的过程。减缓则是以减少温室气体的排放源或增加温室气体的汇为目的的人为干预活动。减缓的目的是把全球平均温度升幅控制在工业化前水平以上的某一目标之内，从而减少气候变化的风险和影响。适应与减缓措施之间既有协同效应，又有权衡取舍，应在可持续发展框架下推进适应与减缓行动。

　　本章首先在全球适应行动背景下，阐述中国应对气候变化的适应策略以及技术与措施选择，并且对适应行动及成效进行评估。然后，在全球减缓行动背景下，提出中国的减排政策、技术和措施，分析减缓行动与成效。最后，综合评估中国适应与减缓协同的措施行动和成效，主要集中在农业和林业碳汇、城市规划和治理等方面。

　　本章的评估分析指出，在《巴黎协定》目标下，全球和中国需要采取适应与减缓的"双紧"策略，瞄准低温升目标加强减缓行动，而适应的目标则应针对高温升情景，二者统筹兼顾、协调平衡、同举并重。各部门分散实施的适应与减缓行动需要协同管理和优化，实现最优的协同政策组合。此外，在《巴黎协定》目标下的社会经济全面深刻转型可能带来新的适应需求，需要给予高度重视。

4.1　适应气候变化

4.1.1　全球进展

适应气候变化是全球气候治理的重要手段。《未来地球计划战略研究议程2014》把构建与适应相关的知识体系和治理体系纳入全球可持续发展面临的重大挑战中。在IPCC历次综合评估报告和特别报告中，适应问题既是评估的重点内容，也是评估的主要目标。在IPCC发布的IPCC AR5第二工作组报告中，超过一半的核心评估结论与适应相关。中国气候变化与生态环境系列科学评估报告也把适应问题作为核心评估要点[①]。

适应研究的广度和深度仍在不断加大。研究范畴已经从成本效益分析、优化和效率方法研究，逐渐扩展到多维度综合性评估，包括将风险和不确定维度整合到更广阔的政策和道德框架。此外，众多研究将适应与风险及其构成呼应，从减小暴露度、降低脆弱性和提升适应能力三个方面着手，更加强调动态适应的主动性、针对性和协同性。适应能力和适应成本问题也同样是研究的热点，分析角度涵盖适应的对象、主体、行为和效果等诸多方面，研究人员认为提升气候恢复力不仅是主动适应的重要内容，而且是实现可持续发展的必由之路[②]。

适应逐渐成为世界各国应对气候变化的核心要素之一。IPCC历次评估报告不仅逐步强化了适应气候变化的重要性，也对各国加强与适应相关的政策和行动起到了推动作用。其间发达国家率先推出了独立的适应气候变化战略、框架和行动。早在2005年芬兰就推出了国家适应战略，此后法国、西班牙、荷兰、澳大利亚、英国、德国、丹麦等国及欧盟也相继出台了国家或区域适应战略。美国于2013年宣布了《总统气候行动计划》，以推动本国适应和减缓行动。受适应气候变化科学认识和能力方面的限制，发展中国家往往将适应作为国家应对气候变化战略中的一部分，但部分发展中国家也陆续推出单独的适应政策。2001年《联合国气候变化框架公约》（UNFCCC）第七次缔约方会议（COP7）设立了专门针对最不发达国家的《国家适应行动方案》（NAPA），2010年《坎昆适应框架》启动了针对最不发达国家和其他发展中国家缔约方的国家适应计划（NAP），印度、越南、孟加拉国、尼日利亚等国也在为建立国家适应战略开展相关的研究和准备工作（巢清尘等，2014）。

适应气候变化相关国际合作也步入全面适应行动阶段。自《联合国气候变化框架公约》生效之日起，国际气候变化适应战略和政策经历了早期缓慢发展阶段（1994~2001年）、适应科学和技术讨论阶段（2001~2007年）、适应与减缓并重阶段（2007~2010年）、增强适应行动阶段（2010~2015年）以及全面适应行动阶段（2015年至"后巴

---

① 参考第一卷1.3.1、1.4.1、1.4.2节；第二卷1.1.1节。
② 参考第二卷1.2.3~1.2.5节。

黎"时代）（陈敏鹏，2020）。目前，全球适应气候变化国际合作重点领域主要涵盖农业、生态系统、水资源、城市、基础设施和风险管理等方面，涉及粮食安全、气候恢复力建设、水资源管理、城市基本服务、基础设施与供给、自然灾害与贫困风险、应急管理与法制等诸多内容（姜晓群等，2021）。

4.1.2　适应策略

适应气候变化是生态、社会经济系统响应气候变化及其影响而做出的调整，包括过程、行动或者结构的改变，以减轻甚至抵消其潜在损害，争取气候变化相关的有利机会。气候变化，尤其是极端天气气候事件加剧资源与环境的瓶颈制约，对全球粮食安全、水安全、生态安全、能源安全以及人民生命财产安全构成严重威胁。IPCC《管理极端事件和灾害风险推进气候变化适应特别报告》（SREX）指出，不合理的发展过程将加剧气候变化，从而进一步加大灾害风险及其损失，而采取积极的减灾和适应行动，能减小灾害风险，促进社会、经济、环境的可持续发展。降低气候风险的有效适应策略需要充分考虑脆弱性和暴露度的变化及其与发展目标和气候变化的联系，通过降低暴露度和脆弱性，提高对各种极端气候潜在不利影响的应变能力，降低对生命、财产以及健康等造成的各种损失和影响。气候安全是国家安全体系和经济社会可持续发展战略的重要组成部分。国家高度重视适应气候变化问题，采取积极主动的适应行动。这不仅是推动生态文明建设和实现"美丽中国"的必然要求，也是中国参与全球治理的必然选择[①]。

实行国家层面自上而下的适应气候变化体系的综合策略，是中国适应气候变化的关键途径（高信度）。适应气候变化既是中国建设生态文明、实现可持续发展的内在要求，也是保障国家安全特别是气候安全的重要内容。中国高度重视适应气候变化问题，结合国民经济和社会发展规划，采取积极主动的适应行动，制定适应气候变化关键部门的中长期适应专项规划、近期行动和中长期规划，强化综合适应策略。国家通过制定和发布《国家适应气候变化战略》，出台了一系列与适应气候变化相关的重大政策文件和法律法规，指导了国家层面的适应政策制定和措施落实。相关部门和地方政府根据部门分工和领域特点，因地制宜地制定具体适应政策、措施与行动，并将适应气候变化纳入社会经济体系和生态文明建设的具体工作中，统筹并强化气候敏感脆弱领域、区域和人群的适应行动，不断完善"政府主导、社会协同、公众参与、法治保障"的适应气候变化机制[②]。

中国实行领域协同和区域协同适应策略，总体上能有效统筹全局与局部以及远期与近期的适应行动，从而有利于完善气候变化适应多主体机制（高信度）。针对水资源、冰冻圈、生态系统、农业、旅游、交通、能源和制造业、人居环境、人群健康和重大工程等更易遭受极端天气气候事件和灾害影响的领域，适应气候变化需要系统考

---

① 参考第二卷 22.5 节。
② 参考第二卷 12.4、22.5 节。

虑防灾减灾、节能减排、生态保护、扶贫开发等可持续发展多重目标，在"一带一路"等重大国家倡议格局中进一步加强区域协同和领域协同适应，因地制宜地制定实施重点适应任务，严守生态红线，坚持保护优先，统筹和协调推动山水林田湖草沙冰一体化保护和修复；加强适应型城市建设、海绵城市建设等适应试点示范，探索和推广有效经验做法，提高协同适应气候变化能力。政府通过规划和政策统筹管理、引导，形成多部门参与的远期和近期适应工作决策协同、社会各行业广泛参与的行动机制，完善气候变化适应多主体机制[①]。

中国在气候变化风险防范行动中，紧密结合管理体制机制创新的软适应与基础设施建设的硬适应，坚持应急管理向风险管理转变的可持续发展之道，以提升气候恢复力（中等信度）。"恢复力"适应策略要求加强适应气候变化与防灾减灾领域的决策协调，从机构设置、决策协调、政策立法、资金保障、科技研发等方面推动风险治理机制创新；完善减灾与应急管理机制，加强天气气候灾害的监测、预警与预测能力；开展天气气候灾害风险评估与区划，实现应急管理向风险管理的转变；加强天气气候灾害风险防范基础设施建设等。提升恢复力不仅强调减小或避免未来可能的极端灾害损失，更注重从风险管理的视角提升社会经济系统的整体适应能力，将危机转化为机遇，从而实现可持续发展[②]。

4.1.3　适应技术与措施选择

有效的适应技术与措施可以降低气候变化带来的不利影响，减轻未来气候变化的风险（高信度）。气候变化对农业、水资源、生态系统、生物多样性、重大工程、基础设施等造成的不利影响是一个长时间积累的过程，需要对各部门、各区域气候变化影响和未来风险开展科学评估，以评估识别出的气候变化利弊影响和未来可能风险为依据，制定相应的适应气候变化的技术与措施[③]。

由于中国幅员辽阔，不同区域的自然环境千差万别、经济社会发展水平不一，需要各区域、各部门制定与实施符合当地自然条件和经济社会发展水平的适应措施。同时，气候变化带来的影响和风险也会因当地自然条件和经济社会发展水平不同而各异，这种差异难以根据行政区域进行区分，因此适应气候变化的技术与措施应跨部门、跨区域开发，并在实践中取得节约适应成本、加强区域和部门之间合作的积极效果。

国际社会适应气候变化的先进技术与措施可供中国不同行业和领域吸收与借鉴。全球适应委员会（Global Commission on Adaptation，GCA）致力于通过搭建行动平台，与政策制定者、出资方和研究机构一起解决目前适应气候变化存在的政治、资金和技术等障碍，并从政策决策和行动支撑角度识别出不同领域应关注的适应技术和措施，包括开展跨部门、跨领域的适应技术成本效益分析和适应效果评估。在农业领域，培育农作物不同品种的生理抗逆和基因抗逆技术，设计和应用农业气象风险保险机制，

---

① 参考第二卷 21.4.4、22.4、22.5 节。
② 参考第二卷 22.4、22.5 节。
③ 参考第二卷 1.2 节。

发展气候智慧型农业生产模式和技术集成；在水资源领域，开发气候风险的配水机制和技术、促进节水的价格机制和技术，开展气候适应型流域管理，建立与水文信息耦合的、基于卫星数据的水监测系统，以实时监测和评估水资源和水环境状况；在气候适应型城市建设领域，开发耦合地形、气象、气候、卫星遥感等数据的气候变化对城市影响的可视化模拟技术，开发城市适应气候变化的基于自然的解决方案；在基础设施领域，开展气候变化对重要基础设施（能源、交通、供水、环境等）的气候风险评估，确定气候适应型基础设施的技术标准、规范以及系统规划方法和流程[①]。

　　中国在不同行业和不同区域已经逐步实施了相应的适应气候变化的技术和措施，总体上这些技术、措施和实施行动以趋利避害为基本原则，取得了良好的适应成效（高信度）。选择什么样的适应气候变化技术和措施与适应对象、适应主体、适应行为和适应效果存在密切关系。适应对象是指气候状态及其时空尺度的变化和极端事件等，适应主体是指自然生态系统、人文系统及相关支撑系统，适应行为是指趋利避害的响应，适应效果包括适应行动的生态、社会、经济效益或成效等。中国各级政府把适应气候变化的各项任务纳入国民经济与社会发展规划中，并制定了各级适应气候变化方案；这些适应气候变化方案在国家整体应对气候变化规划的指导之下，以各行业、各区域的环境条件和气候变化影响程度为基础开展。但是，与减缓气候变化的技术措施相比，一方面，很多适应行动具有跨区域和跨行业的特点；另一方面，一些适应行动的政策与法律保障、资金、技术与能力建设支持不足，难以保障适应措施的充分和顺利实施。此外，一些适应气候变化的技术和措施由于缺乏不同利益相关者的参与，难以真正落地并发挥有效的作用。在确定适应技术与措施选择时，应充分挖掘历史上形成的长期行之有效的当地知识，将当地知识结合到适应技术与措施选择中并使之更切合实际（表 4-1、表 4-2）[②]。

表 4-1　中国不同行业和领域的适应技术与措施选择

行业和领域	适应技术与措施选择
水资源	节水技术； 水利基础设施建设； 非常规水资源开发利用； 人工增雨作业
农业	调整农作物种植模式； 改进农作物品种布局； 提高复种指数； 推广应变抗逆栽培技术、畜禽健康养殖技术与病虫害综合防控技术
冰冻圈	灾害风险全过程管控措施； 提高当地居民安全避险与自救互救知识和技能，开展对冰冻圈的精细化监测
陆地生态系统	法律法规调控措施； 空间规划隔离措施； 生态恢复措施； 生态工程建设

① Global Commission on Adaptation. 2019. Adapt Now：a Global Call for Leadership on Climate Resilience.
② 参考第二卷 1.2 节。

续表

行业和领域	适应技术与措施选择
海洋生态系统	海洋生态修复措施； 保护海洋生物多样性与生境措施； 控制人为活动对生境的破坏
旅游	加强旅游资源保护； 开发气候适应性强的旅游产品； 强化旅游基础设施建设； 灾害预警与危机处理措施
交通	增强运输系统安全性； 修订与气候变化相关的交通工程与运行技术标准； 交通安全宣传； 交通气象灾害预警措施
能源	能源供给科学调度措施； 提高能源基础设施灾害防御标准； 能源气象灾害应急保障； 能源高效利用技术
制造业	科学规划工业园区建设； 加强对极端气象灾害的监测预警； 根据气候条件调整制造业布局； 针对气候变化引起的消费需求改变调整产业和产品结构
人群健康	城市复合灾害风险综合防范技术； 强化适应措施的目标导向性； 综合规划城市基础设施建设； 气候智慧型城市建设

表 4-2　中国不同区域的适应技术与措施选择

区域	适应技术与措施选择
东北地区	农业领域针对热量资源增加、气象灾害加剧、病虫害加重、黑土退化采取相应的适应措施； 加强水资源合理配置，加强流域应对极端灾害的预报、预警和应急能力； 建立湿地生态系统长效保护机制，加大冻土区湿地保护的科技含量； 科学规划、有效开发和利用冰雪气候资源
京津冀地区	加强监测预警和污染源治理，打赢蓝天保卫战； 践行新时代治水方略，实行最严格的节水管理，推进京津冀治水一体化； 科学规划城市生命线系统，打造气候适应型城市； 保障生态文明建设顺利实施，坚持绿色发展之路
长江三角洲地区	保护河口生态环境，增强河口生态系统稳定性； 开展海洋环境监测和海洋灾害预警预报，发展海岸带综合管理技术； 采取工程性和非工程性措施提高长江三角洲地区洪涝灾害风险管理能力
长江中上游地区	推进长江生态环境保护和修复，促进流域河岸带生态系统的可持续管理； 加强长江中游地区江河湖水文及生物联系，实施针对性的湖泊水生态与生物多样性保护，促进流域管理； 控制河流与水库的水环境污染，减少水库富营养化风险

续表

区域	适应技术与措施选择
粤港澳大湾区	开展高温灾害人群健康风险评价及人群健康监测预警工作，防范高温灾害风险； 改善城市大气环境，控制流行病风险； 综合运用各项工程和非工程性适应对策，有助于大大提升区域洪涝风险防范和综合适应能力； 科学调控和优化水资源配置，确保粤港澳大湾区城市水资源安全
台湾和福建	加强基础设施建设，提高适应气候变化能力； 完善适应气候变化工作体制机制，加强制度保障； 积极推进海绵城市建设； 控制人工岸线的无序扩张、增强海岸带适应能力
西北干旱区	加强生态修复，保护山地生态系统； 设立生态保护红线，保护和修复荒漠生态系统； 优化农业产业结构，发展高效绿洲生态农业种植模式； 发展干旱区域水肥高效利用节水农业技术，发挥区域气候优势，扩大优质特色农产品生产
黄土高原	发展高效旱作农业，提高农业可持续发展水平； 采取可持续管理对策促进植被恢复； 采取植被和工程措施相融合技术防止水土流失
青藏高原	加强基础科学研究，增强气候与生态环境变化监测能力； 发展生态保护与建设关键技术，提升生态屏障功能的综合作用； 根据气候条件调整区域农牧业结构和发展模式； 加强生态与环境保护及综合治理的宣传教育
云贵高原	建立灾害预警制度，提高岩溶区自然灾害防治能力； 开展岩溶区石漠化综合治理，减少水土流失； 科学保护生物多样性，防止生物入侵； 开展跨境生态保护网络规划与建设，保护区域跨境生态安全

　　适应气候变化的技术和措施要真正起到减轻气候变化影响、降低未来气候风险的作用就必须落到实处。虽然中国一些区域或部门制定了上至国家、下至地方并包括经济、社会、生态、环境等不同行业与领域的适应气候变化方案，但方案中包含的那些看似面面俱到的适应技术与措施有的因过于宏观、普适性强而缺乏针对性，也缺少对已开展或实施的技术与措施适应效果的评估。因此，需对适应技术与措施开展集成分析，开展跨区域和跨领域的密切合作，共同推进适应技术与措施的制定与实施。适应技术与措施的选择也需要各级政府部门、受气候变化影响的社区、公众和利益相关者的广泛参与，与科学家等研究人员和决策者一起设计适应方案，并通过实践检验适应技术与措施的有效性；促进不同区域和部门适应技术与措施的相互联系，定量分析适应技术与措施的合理性与经济可行性，在适应气候变化技术与措施实际可行的基础上，进一步开展成本效益分析，评估适应气候变化的效果，促进适应技术与措施的示范与推广。

4.1.4 中国适应气候变化行动与成效

1. 中国气候变化行动

中国是受气候变化影响最大的国家之一。中国高度重视气候变化问题，把积极应对气候变化作为国家经济社会发展的重大战略。

中国制定实施了相关计划、制度，初步形成了完备的适应气候变化的政策法规体系。早在 1990 年，中国政府就成立了应对气候变化的相关机构；1994 年颁布的《中国 21 世纪议程》首次明确强调了适应气候变化的重要性；1998 年成立国家气候变化对策协调小组；2006 年成立国家气候变化专家委员会；2007 年成立国家应对气候变化领导小组。从 2008 年起，每年发布《中国应对气候变化的政策与行动》白皮书。2010 年发布的《中华人民共和国国民经济和社会发展第十二个五年规划纲要》明确要求在生产力布局、基础设施、重大项目规划设计和建设中，充分考虑气候变化因素，提高农业、林业、水资源等重点领域和沿海、生态脆弱地区适应气候变化水平。2010 年发布了《中国应对气候变化国家方案》，中国是最早制定和实施应对气候变化国家方案的发展中国家。2012 年成立了国家应对气候变化战略研究和国际合作中心，开展应对气候变化政策、法规、规划等研究。2013 年中国发布了《国家适应气候变化战略》。2014 年制定实施了《国家应对气候变化规划（2014—2020 年）》。2016 年通过的《中华人民共和国国民经济和社会发展第十三个五年规划纲要》明确要求要在城乡规划、基础设施建设、生产力布局等经济社会活动中充分考虑气候变化因素，适时制定和调整相关技术规范标准，实施适应气候变化行动计划，加强气候变化系统观测和科学研究，健全预测预警体系，提高应对极端天气和气候事件的能力。目前，中国正在组织制定《国家气候变化适应战略 2035》。与此同时，法律法规不断完善，还先后颁布实施了《中华人民共和国突发事件应对法》（2007 年）、《中华人民共和国环境保护法》（2014 年修订）、《中华人民共和国气象法》（2016 年修正）、《中华人民共和国土地管理法》（2019 年修正）以及《气象灾害防御条例》（2017 年）等法律法规，各地制定的实施办法也都包含了适应气候变化的内容（图 4-1）[①]。

在气候与环境生态演变科学评估方面，2002 年《中国西部环境演变评估》报告发布，2005 年《中国气候与环境演变》评估报告发布，2012 年《中国气候与环境演变：2012》评估报告发布，2021 年《中国气候与生态环境演变：2021》评估报告发布。这一系列评估报告形成了中国独具特色的气候变化与生态环境演变科学评估报告，始终从气候系统角度出发，参考 IPCC 评估报告的评估方法，全面系统地评估了中国气候、生态环境变化与人类经济社会相关信息，客观全面地反映了中国在气候与环境演变方面取得的最新成果；同时，该系列评估报告在国家决策咨询和中长期规划，以及推动气候系统科学发展和气候变化人才培养等方面做出了重要贡献。

---

① 参考第二卷 4.6.2 节。

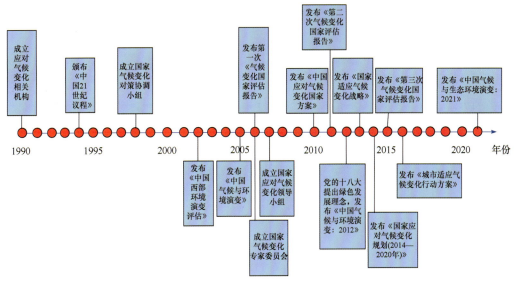

图 4-1　中国政府应对气候变化行动路线图

中国初步建立了气候变化适应资金投入机制，初步建立了以国家财政资金为主导，商业金融适应性资金和市场投入为支撑，国际双边或多边适应基金为补充并积极吸引企业和社会集资的多元投资机制。2010 年财政部等七部（委、局）联合发布的《中国清洁发展机制基金管理办法》，明确规定该基金应用于企业适应和减缓等应对气候变化的相关活动。国家和地方政府在水利工程、海绵城市建设、重大生态工程和农业基础设施建设等方面的巨大投入及对退耕还林还草和休耕农田的生态补偿和灾害救助等，实际都包含适应气候变化的因素，并正在形成政府主导、多部门协同和社会广泛参与的资金筹集机制。

中国大力实施适应气候变化重点行动工程。①生态建设行动。20 世纪 90 年代以来，特别是党的十八大以来，中国实施了一系列生态保护行动，提出了一系列生态保护适应中国气候变化的对策措施。党的十八届五中全会把"绿色发展理念"确定为中国五大发展理念之一。先后建立了森林资源管护制度，相继出台了天然林保护、生态公益林补偿、草原生态补偿政策，大幅度增加了对林草植被保护的投入，调动了保护林草植被的积极性；先后发布实施了《国务院办公厅关于健全生态保护补偿机制的意见》，逐步建立市场化、多元化生态补偿机制；相继颁布了《全国主体功能区规划》《全国生态功能区划》《国家重点生态功能保护区规划纲要》《全国生态脆弱区保护规划纲要》，加强国家重点生态功能区保护和管理成为生态文明建设的战略任务。2013 年，党的十八届三中全会通过的《中共中央关于全面深化改革若干重大问题的决定》设专章划定生态保护红线，建立国土空间开发保护制度。2017 年《关于划定并严守生态保护红线的若干意见》《生态环境损害赔偿制度改革方案》等文件印发。近年来，中国大力开展一系列的生态工程，包括三北防护林体系建设工程、退耕还林还草工程、京津风沙源治理工程等重大林业生态建设工程。中国启动山水林田湖草生态保护修复工程，持续推进青海三江源区、岩溶石漠化区、京津风沙源区、祁连山等重点区域综合治理工程，继续推进新一轮退耕还林还草、重点防护林体系建设等重点生态工程。②水利建设行动。长江三峡、黄河小浪底、淮河临淮岗、嫩江尼尔基、广西百色等一大批控制性水利枢纽工程相继建成并投入使用，主要江河的调控能力明显增强。中国启动了太湖流域、松花江干流、辽河干流、新安江、乌江等59条跨省江河流域水量分配工作，统筹配置流域生活、生产和生态用水；兴建了大量蓄水、引水、提水工程，特别是南水北调工程将构成中国水资源"四横三纵、南北调配、东西互济"的格局，极大地提高了中国水资源调控能力，进而极大地提高了旱涝灾害防控能力；开展了海绵城市建设，提高了防洪能力，积极应对极端降水事件，大力建设节水型社会，有效应对气候变化对水资源的影响，使用水量有效减少，用水效率得到提高①。

2. 成效与问题

以上行动推进了中国气候变化适应工作，适应成效日趋显现，适应能力不断增强。

政府适应气候变化意识不断增强（高信度）。相关法律法规的相继颁布与实施，气候适应型城市的试点与创建，加上各类媒体的宣传报道，政府适应气候变化意识不断增强。在基础设施方面，根据气候条件变化调整修订基础设施设计、工程建设、运行调度和养护维修的技术标准，科学评估标准升级的适应成本及环境收益；在立项论证和准入管理中将气候变化影响和风险评估作为项目申报和管理的重要内容；建立和完善保障重大基础设施运行的灾害监测预警和应急制度。

防御旱涝灾害与应对气候变化风险能力不断增强（高信度）。全国及各省区的抗旱规划编制完成，构建了与经济社会发展相适应的抗旱减灾体系，全面提升了中国抗旱减灾的整体能力和综合管理水平。《全国山洪灾害防治规划》编制完成，在山洪灾害重点防治区建立以监测、通信、预报、预警等非工程措施为主并与工程措施相结合的防灾减灾体系，在山洪灾害一般防治区初步建立以非工程措施为主的防灾减灾体系，最大限度地减少人员伤亡和财产损失。全国山洪灾害防治项目建设分批实施，主要内容包括山洪灾害调查评价、非工程措施建设和重点山洪沟（山区河道）防洪治理。2013～2016年，中国实施了全国山洪灾害调查评价项目，为山洪灾害防治县的预警预报和工程治理提供了数据支撑。目前，中国已建成2000多个山洪灾害监测预警平台，初步建立了适合中国国情的山洪灾害监测预警系统和群测群防体系，初步实现了"预警及时、反应迅速、转移快捷、避险有效"的目标，防灾减灾效益凸显，年均因山洪灾害死亡人数较项目实施前减少60%以上。通过大江大河综合治理、山区水土保持、水源保护、集雨节水、农田基本建设、城市下垫面改造与绿地建设等工程，城乡应对旱涝灾害和水资源短缺的能力得到提高。通过研发突破关键适应技术，有效保障了青藏铁路、西气东输、南水北调等一系列重大工程的实施，极大地提高了西部生态脆弱地区、

---

① 参考第二卷 2.7.1 节。

北方干旱缺水地区和东部能源短缺地区应对气候变化风险的能力。以 "3S" 技术为支撑的极端天气气候事件和与气候变化相关的灾害监测预警能力有效提升，气象、灾情和农情信息员队伍建设和报告制度的建立，提高了应对极端气象灾害的综合能力。中国建立了以地方行政首长负责制为核心的各级防汛抗旱工作责任制，完善了大江大河洪水调度、防御方案和水量应急调度预案，建成了全国旱情监测系统，极大地提高了应对重大旱涝灾害的能力。卫星雷达立体监测产品的分析应用提高了环境气象预报精细化水平。南水北调工程成效显著，截至 2018 年底，东线连续 5 个年度圆满完成调水任务，中线已不间断安全供水 1480 余天，东中线累计调水 220 多亿立方米，北京、天津、石家庄等 40 多座大中城市供水保证率有效提高，直接受益人口超过 1 亿人。172 项节水供水重大水利工程已开工 133 项，23 项已基本完工并发挥效益。在农村水利建设方面，加快实施农村饮水安全得到巩固提升，受益人口达 7800 多万人，农村自来水普及率达到 81%[①]。

生态保护与恢复成效显著（高信度）。中国从 1956 年建立第一个自然保护区到 2017 年已经有 463 个国家级自然保护区，有各种类型、不同级别的自然保护区 2750 个，总面积 147.17 万 km^2。积极防治生态退化。根据第一次全国水利普查水土保持情况普查成果，中国土壤侵蚀总面积 294.9 万 km^2。第五次全国荒漠化和沙化土地监测结果显示，截至 2014 年，全国荒漠化土地面积 261.16 万 km^2，沙化土地面积 172.12 万 km^2。1949 年中国森林覆盖率仅为 8.6%，到第七次全国森林资源清查，森林覆盖率达到约 20%。美国国家航空航天局（NASA）2019 年 2 月发布的一份研究报告指出，地球与 20 年前相比绿色更多，全球绿化面积增加了 5%，主要贡献则来自中国和印度。南水北调中线完成首次生态补水。2018 年 9 月，水利部和河北省政府联合启动华北地下水超采综合治理河湖地下水回补试点，利用南水北调中线工程向河北省滹沱河、滏阳河、南拒马河三条重点试点河段实施补水，目前已累计补水 5 亿 m^3，形成水面约 40km^2，三条河流重现生机。截至 2020 年 6 月 3 日，南水北调中线一期工程已经安全输水 2000 天，累计向北输水 300 亿 m^3，已使沿线 6000 万人口受益。其中，北京中心城区供水安全系数由 1 提升至 1.2，河北省浅层地下水位由治理前的每年上升 0.48m 增加到 0.74m。

然而，中国的气候变化适应工作主要体现在政策制度与重点行动层面，在实际工作中的落实还非常有限，相当一部分的适应行动不是有意识地从适应气候变化角度主动和有计划开展，气候变化适应工作任重而道远。

适应工作保障体系亟待完善。适应气候变化的法律法规仍需进一步健全，各类规划制定过程中对气候变化因素的考虑普遍不足。应急管理体系亟须加强，各类灾害综合监测系统建设与适应需求之间还有较大差距，部分地区灾害监测、预报、预警能力不足。适应资金机制仍不完善，政府财政投入不足。科技支撑能力不足，国家、部门、产业和区域缺乏可操作性的适应技术清单，现有技术对于气候变化因素的针对性不强。

---

① 参考第二卷 2.7.1 节。

适应能力亟待提升。基础设施建设、运行、调度、养护和维修的技术标准的制定和修订尚未充分考虑气候变化的影响，供电、供热、供水、排水、燃气、通信等城市生命线系统应对极端天气气候事件的保障能力不足。农业、林业基础设施建设滞后，部分农田水利基础设施老化失修，水利设施的建设和运行管理对气候变化的因素考虑不足，渔港建设明显滞后，难以满足防灾避风需要。农业现代化程度不够，种植制度和品种布局不尽合理，农情监测诊断能力不足，现有技术和装备防控能力不足以应对农业灾害复杂化和扩大化趋势。一些区域水资源战略配置格局尚未形成，城乡供水保障能力不高，大江大河综合防洪减灾体系尚不完善，主要易涝区排涝能力不足。森林火灾与林业有害生物监测预警系统、林火阻隔系统以及应急处置系统建设有待提升，湿地、荒漠生态系统适应气候变化能力和抗御灾害能力有待加强。采矿、建筑、交通、旅游等行业部门防范极端天气气候事件的能力不足。人群健康受气候变化影响的监测、评估和预警系统尚很不完善，现有传染病防控体系不能满足进一步遏制媒介传播疾病的需求。中国生态建设持续加强，但这些措施对过去适应气候变化有积极作用，对未来气候变化的影响考虑不足。在未来全球 1.5 ~ 2℃温升或更高情况下，这些措施能否保证生态系统适应还存在很大不确定性。对沿海低洼地区和海岛海礁淹没及海岸带侵蚀风险缺乏有效应对措施，滨海湿地面积减少、红树林浸淹死亡、珊瑚礁白化等生态问题未能得到有效遏制。与农业、林业、水资源、海洋、生态系统、人群健康等传统领域相比，有关经济与社会领域的适应工作明显滞后，有些产业和领域的适应工作甚至尚未起步，亟须大力提升社会经济的适应能力。

公众适应气候变化的意识亟待增强。要充分发挥政府主导作用，利用多种大众传播媒介和现代信息技术，加大适应气候变化的科普宣传，将适应知识纳入各级学校教育，结合不同部门和领域的情况组织适应技能专题培训，鼓励和倡导适应性可持续生活方式，提高公众参与社区适应气候变化的意识，促进社会消费模式的转变。要完善气候变化信息发布制度，增加气候变化相关决策的透明度，促进气候变化治理的科学化和民主化。积极发挥民间社会团体和非政府组织的作用，促进广大公众和社会各界参与适应和减缓全球气候变化的行动。

4.2 减缓气候变化

4.2.1 全球进展

1. IPCC 评估进展

2014 年发布的 IPCC AR5 第三工作组报告给出了实现 2℃温升水平的成本最优排放

路径，要求到 2030 年，全球温室气体排放限制在 300 亿 ~ 500 亿 t CO₂eq 的水平（相当于 2010 年水平的 60% ~ 100%）；到 21 世纪中叶，全球温室气体需减少至 2010 年水平的 40% ~ 70%，到 21 世纪下半叶或者末期减至近零。该报告指出，2℃温升水平的全球长期目标依然可能实现，但需要大规模改革能源系统并重视土地使用，同时 CO₂ 移除（CDR）技术成为关键的技术手段，需要对能源供给部门进行巨大改革，保障其 CO₂ 排放在未来持续下降，到 2040 ~ 2070 年实现相对 2010 年水平下降 90% 或以上目标，在很多情景下甚至需要实现"负排放"。电力生产深度脱碳是 2℃温升水平的重要特征之一，需要到 2050 年实现超过 80% 的发电装置脱碳。可再生能源、核能、使用碳捕获和封存（CCS）技术的化石能源、采用生物质联合 CCS（BECCS）的碳中和或低碳能源供给占一次能源供给的比重达到 2010 年水平（约 17%）的 3 ~ 4 倍。大多数 2℃温升水平的减排路径需要在 2050 年之后使用能够去除大气中 CO₂ 的负排放技术，如 BECCS、造林，以及直接空气碳捕获（DAC）技术等。实现 2℃温升水平的目标，需要投资构成出现转变，2010 ~ 2029 年，化石能源开采和发电领域的年投资量将下降 20%（300 亿美元左右），而低碳能源领域（可再生能源、核能等）年投资规模将增加 100%（1470 亿美元左右）[①]。

实现 1.5℃温升水平，全球需要在 2050 年左右实现净零排放。2018 年 10 月，IPCC 发布《IPCC 全球 1.5℃温升特别报告》，全面评估了实现 1.5℃温升水平下的全球气候变化、影响、适应、减排，以及与可持续发展的关系，深化了对 1.5℃温升水平的认识。《IPCC 全球 1.5℃温升特别报告》有关减缓的主要结论包括：为了实现全球 1.5℃温升水平，2030 年相比 2010 年 CO₂ 排放量需要下降 45% 左右，并在 2050 年左右达到碳中和。2015 ~ 2050 年，限制温升 1.5℃的能源排放将需要每年约 9000 亿美元的投资，比 2℃温升高出约 12%。实现 1.5℃温升的相关路径和减缓方案与可持续发展目标（SDGs）之间存在多重协同和权衡取舍的作用。

2019 年 8 月，IPCC 发布了《气候变化与土地特别报告》。该报告指出，只有通过合理减少包括土地和粮食在内的所有活动的排放，才有可能将温升控制在远低于 2℃的水平内。《气候变化与土地特别报告》中有关减缓的结论是：可持续土地管理，如可持续森林管理，可以阻止和减少土地退化，保持土地生产力，并且有时还会将气候变化对土地退化的不利影响转变为积极作用。所有被评估的 1.5℃和 2℃温升水平下的减排路径模型都要求有基于土地的减缓措施和土地利用方式的转变，如植树造林、减少森林砍伐和生物质能的不同方式的利用[②]。

IPCC AR6 第一工作组报告指出，1850 ~ 2019 年，全球总共排放了 2390 ± 240Gt CO₂。将人为引起的全球变暖限制在特定水平，需要限制 CO₂ 的累积排放量，至少要达到净零碳排放，同时还要控制其他温室气体排放。该报告认为，在考虑所有排放情景的情况下，21 世纪中叶之前，全球地表温度将继续升高。稳定气候需要大力、快速

①　参考第三卷 1.3.1 节。
②　参考第三卷 1.3.2 节。

和持续地减少温室气体排放，除非在未来几十年内大幅减少 CO_2 和其他温室气体排放，否则 21 世纪温升幅度将超过 1.5℃甚至 2℃。若想将 21 世纪温升幅度控制在 1.5℃水平，在 2019 年的累积排放基础上，全球仅余 400Gt CO_2 的碳排放空间，即使控制温升幅度在 2℃水平，剩余的碳排放空间也仅为 1150Gt CO_2（67% 的可能性）。

2. 国际上主要国家和地区的 2050 年净零排放战略

欧盟提出了 2050 年温室气体中和目标，推动全球走向 1.5℃温升的路径。2019 年 12 月，欧盟委员会发布《欧洲绿色新政》，提出到 2050 年欧洲要在全球范围内实现"气候中和"。2020 年 3 月，欧盟向《联合国气候变化框架公约》提交了 2050 年实现气候中和的战略，同月出台了《欧洲气候法草案》。德国、法国、英国、意大利和瑞典等国提出 2050 年之前实现该目标，芬兰和奥地利在官方文件中分别提出了 2035 年和 2040 年实现碳中和目标，为欧盟相对比较落后的国家提供碳排放空间。新冠肺炎疫情暴发之后，欧盟为恢复经济，提出了 7 年间 1.82 万亿欧元的绿色复苏投资，绝大部分的投资将进入绿色发展和温室气体减排相关活动中。欧盟公布其目标后密集的政策出台意味着欧盟实现 2050 年温室气体中和已经在实际操作和推进中。欧盟的行动对国际气候变化应对影响巨大，会从根本上改变全球应对气候变化的路线。

在中国公布努力争取 2060 年前实现碳中和目标后，欧盟再次提升了 2030 年减排目标。2020 年 10 月 6 日，欧盟公布了到 2030 年将原来《巴黎协定》下承诺的 2030 年 40% 的减排目标提升到 55% 以上，而 2019 年 12 月在绿色新政中提议的减排新目标是 55%。欧盟进程已经明显显示出欧盟要在经济转型和技术创新上处于领先位置的决心。未来的减排将更多是经济和技术的竞争。

美国、日本、韩国等发达国家设立了 2050 年碳中和目标，并将 2030 年减排目标明显提升。2020 年 6 月 30 日，美国众议院气候危机特别委员会公布了一项行动计划，旨在作为帮助美国在 2050 年实现净零排放的路线图。这份题为《解决气候危机：国会为建立清洁能源经济和一个健康、具有恢复力的、公正的美国而制定的行动计划》的报告包括了详细的、可采取行动的气候解决方案。该报告认为，美国国会应该通过这些方案使美国各地的美国家庭受益。该报告呼吁国会促进美国经济增长，让美国人重返清洁能源领域；保护所有家庭的健康；确保美国社区和农民能够承受气候变化的影响；为下一代保护美国的土地和水域。

该报告设定了一系列目标，包括到 2030 年将导致全球变暖的温室气体排放量减少 45%。该报告还要求到 2035 年，新车不排放温室气体，而重型卡车将在 2040 年之前消除温室气体排放。该报告要求在 2040 年之前消除电力部门的总体排放，并在 2050 年之前消除所有经济部门的温室气体排放，实现碳中和。该报告强调了美国在零碳技术方面的引领作用。2021 年 1 月，美国总统拜登就职后，即刻宣布美国 2050 年实现碳中和。2021 年 4 月 22 日，美国公布将 2030 年的减排目标设置为和 2005 年相比减排 50%。

在中国公布努力争取 2060 年前实现碳中和目标之后，日本在 2020 年 10 月公布了 2050 年碳中和目标，并在 2021 年 4 月设定其 2030 年减排目标是和 2013 年相比减排 47%。韩国在 2020 年 10 月也公布了其 2050 年碳中和目标。2021 年 10 月，澳大利亚公布了到 2050 年实现净零排放的目标。

确定碳中和的主要经济体将决定全球碳中和路径。二十国集团（G20）中主要经济体已经公布碳中和目标的国家占全球 CO_2 排放达到 70% 左右。这些国家占全球技术出口的绝大部分，同时也是全球气候变化合作进程中的主导者，因而这些国家的碳中和目标也基本决定了全球的碳中和路径[1]。

3. 零碳城市进展

城市是全球低碳发展的主要领域，越来越多的城市具备更强的低碳发展意愿，率先提出到 2050 年甚至更早实现零碳排放的目标。根据联合国的统计，截至 2019 年 9 月联合国气候变化峰会，全球共有 102 个城市承诺将在 2050 年实现 CO_2 净零排放[2]。据不完全统计，已有墨尔本、哥本哈根、斯德哥尔摩等十几个城市提出早于 2050 年实现城市零碳排放。这些低碳先锋城市都制定了规划和方案，通过行动推动整个城市经济、社会、能源和技术的低碳转型发展。

越来越多的城市公布零碳目标，已经开始引导全球城市的减排行动。公布零碳目标的城市也是全球社会经济发展领先的城市，这些城市已经在经济发展上领先一步，在达到较高经济发展水平之后，对环境的关注就越来越多。世界社会经济最领先的城市，如巴黎、伦敦、纽约、东京、悉尼、墨尔本、维也纳、温哥华等，都提出了要实现碳净零排放。最早的城市在 2030 年就实现碳净零排放。

4. 零碳能源发展

全球可再生能源价格已经开始低于化石能源（高信度）。到 2020 年，全球已经有多个项目实现了上网电价在 1.35 美分 /（kW·h）左右，也即约 0.1 元 /（kW·h），远低于化石能源发电上网电价。在过去十年中，光伏组件价格下降了 92%。到 2019 年，即使在煤电便宜的中国，已经有 20GW 的新增光伏的上网电价低于既有燃煤电厂，到 2020 年 7 月，中国国家能源局批准的不需要补贴的光伏项目达到 34GW。可再生能源价格的迅速下降改变了能源发展的格局。2021 年，基本所有的大型光伏电站和风电都不需要补贴了。

新型核电上网电价低于化石能源发电。同时，2018 ~ 2019 年在中国新投产的全球前六个第三代核电站上网电价为 0.42 元 /（kW·h），和当地燃煤电站上网电价一样或低于燃煤电站上网电价。由于其是全球首批安装投产的第三代核电机组，投资远高于预计，但是在确保收益的情况下，实际上网电价已经可以和燃煤机组相竞争。在考虑大

---

① 参考第三卷 2.3.5、3.4 节。
② Vesna B. 2019. In the Face of Worsening Climate Crisis，UN Summit Delivers New Pathways and Practical Actions to Shift Global Response into Higher Gear - United Nations Sustainable Development. https://www.un.org/sustainabledevelopment/blog/2019/09/in-the-face-of-worsening-climate-crisis-un-summit-delivers-new-pathways-and-practical-actions-to-shift-global-response-into-higher-gear/.

气雾霾治理压力的情况下，很多省份对发展核电十分积极。同时，小型核电站的发展，以及核供热技术、核制氢技术的发展，使得核能利用在未来具有十分广泛的发展空间[①]。

4.2.2　减缓技术与措施选择

1. 实现气候目标的减排领域

国内外气候变化减缓相关研究结论认为，如果要实现全球 $2℃$ 和 $1.5℃$ 温升水平，需要做出能源和经济的明显转型。

（1）实现温升控制在 $2℃$ 和 $1.5℃$ 以内，需要进行重大和迅速的能源供应变革。2019年全球排放总量约为 520 亿 t CO_2eq，预计到 2030 年，全球排放总量将达到 520 亿～580亿 t CO_2eq。要实现温升控制在 $1.5℃$ 以内（不超过 $1.5℃$ 或超出很少），必须在 2030 年前将全球 CO_2 年排放总量削减一半（年均 250 亿～300 亿 t CO_2eq）。虽然避免温升 $1.5℃$ 在技术水平上依然是可行的，但要实现上述减排目标，必须全面改变行为方式和科技手段。例如，预计到 2050 年，在 $1.5℃$ 路径下，可再生能源供电比重将达到 70%～85%。能效和燃料转换措施对于交通领域至关重要。减少能源需求、提高粮食生产效率、改变膳食选择、减少粮食流失和浪费也会对减排产生巨大影响[②]。

（2）实现温升控制在 $2℃$ 和 $1.5℃$ 以内，需要创新的政策。虽然在历史上，特定技术或特定领域曾出现迅速变革，但实现温升控制在 $2℃$ 和 $1.5℃$ 以内所需的变革规模和程度是史无前例的。我们未经历过如此广泛和迅速的转型，而且这一转型涉及能源、土地、工业、城市及其他各种系统，并跨技术领域和地理区域。

开展上述宏伟变革，需要在低碳技术和能效领域增加大量投资。要实现温升不超过 $1.5℃$，到 2050 年，低碳技术和能效领域投资需要比 2015 年增加约 5 倍。

实现 $1.5℃$ 温升目标的主要策略包括：①电力系统完全低碳转型，到 2050 年要实现电力部门的零排放或者负排放。②在电力部门转型的基础上，大力推进各个部门的电力化。③全面推进节能。节能的低成本，可以很好地弥补实现深度减排进程中电力部门转型的高成本，并节约终端部门的支出。④为使电力部门深度减排，一直到负排放，基于 BECCS 是重要的减排选择。⑤难以减排的工业部门需要创新生产工艺和技术，如氢为工艺原料和材料。

对于中国来说，减排策略总体上和全球策略一致。中国的能源消费现状决定了中国实现《巴黎协定》目标下的减排对策需要更大的力度[③]。

2. 主要行业减排技术

根据对中国减排情景和路径的研究，中国行业实现深度减排的行业和领域主要包

---

① 参考第三卷 6.5.5 节。
② 参考第三卷 3.4 节。
③ 参考第三卷 3.6、4.2、4.3 节。

括能源、工业、交通、建筑，以及土地利用等。

能源行业是最为重要的减排行业。能源行业需要实现深度转型，如果要实现 1.5℃温升水平下的减排途径，中国的能源系统在 2050 年需要实现净零排放或者负排放，包括水电、风电、太阳能在内的可再生能源占比明显提高。到 2050 年，非化石能源占一次能源比例要达到 50% 以上（2℃路径），以及 75% 以上（1.5℃路径）。化石燃料燃烧需要采用 CCS 技术。关键技术包括低成本太阳能光伏发电技术、光热发电技术、陆上风电、海上风电、水电（包括大型和小型水电）、生物质能利用技术、核电，特别是先进核电技术、其他核能技术、化石能源利用 CCS 技术、BECCS 技术、电网稳定供电技术、储能技术（包括抽水蓄能、电池储能和氢储能）等。

工业行业在深度减排路径中首要是推进高比例电力化，而难以减排工业包括钢铁、水泥、化工、石化等，需要创新工艺和技术。氢可以替代焦炭等作为金属冶炼还原剂，石化和化工产品可以用氢作为原料。

交通行业同样推进全面电力化，陆上交通以电动车为主，部分重型货车采用氢燃料电池驱动，对于难以在 2050 年实现电力化的运输，如大型水运、航空等，采用燃料电池驱动，或者生物燃油驱动。

建筑部门关键技术包括超低能耗建筑，同时推进全面电力化，采暖和制冷采用电厂和工业余热、电力供暖，以及低温核供热技术 [1]。

土地利用适用的减排技术措施包括农田水肥优化管理、畜禽饲喂提升技术、畜禽粪便处理与资源化利用、造林和林产品管理、湿地植被恢复与重建等，其筛选均围绕激发土地潜在服务功能和确保粮食安全等核心问题 [2]。

3. 主要减排政策

低碳发展政策主要包含以下四类：一是命令控制型政策，其主要表现为提出具体的减排指标并具有较强的行政约束力；二是市场机制型政策，其通过市场力量实现控制碳排放的目标；三是财税调节型政策，即通过政府出台的财税或金融政策控制碳排放；四是公共参与型政策，这类政策通过推行某些激励手段推动全民推行低碳生产和消费行为。

各个国家基本都是这样的政策组合，但是各不相同。发达国家以及中国的政策已经比较全面、具有很强的相似性。这些国家和地区基本都采用了规划目标、节能标准、排放标准、准入标准，以及补贴、税收、投资等政策，但是政策强度不同。欧盟则较多依赖碳交易政策，中国和美国则更多依赖标准、补贴等政策。

中国实现碳中和目标下需要的政策主要包括明确的长期和五年规划目标、零碳技术的补贴或者价格政策（特别是针对 CCS 技术的补贴和价格政策）、碳税或者碳交易、产品和服务碳排放标准（包括碳标识）、行业减排规划、高排放行业技术退出政策、零

---

① 参考第三卷 4.5～4.8 节。
② 参考第三卷 9.3～9.5 节。

碳金融政策、超低能耗建筑标准、促进电动车发展政策、促进航空零排放政策、鼓励碳先锋城市和企业政策、对受负面影响行业的转型扶持政策、创新研发支持政策等 [①]。

4.2.3 中国减排政策及成效

1. CO_2 排放控制进展

中国碳排放总量增长呈现出一定的阶段性：1990～2000 年，中国 CO_2 排放量平稳增长，年均增速为 3.3%；自 2000 年以来呈现快速增长态势，2000～2013 年，年增速高达 8.6%。而 2013 年之后，碳排放增速明显放缓，2015 年碳排放总量甚至出现了下降，2016～2018 年 CO_2 排放虽有增加，但年均增速均保持在 2% 左右。可以看出，从 2013 年开始，中国的 CO_2 排放进入一个高低起伏的平台期。这一方面是由于中国在能源结构调整和技术进步方面的进展有效地抑制了碳排放总量的上升，特别是全国煤炭消费总量的控制措施有效地抑制了中国碳排放快速上涨的趋势；另一方面，第三产业 GDP 在中国 GDP 中的比重增加也促进了中国碳排放强度的相对下降。

在出现新冠肺炎疫情的情况下，2020 年中国经济实现了 2.1% 的正增长，能源消费增长了 2.2%，CO_2 排放量增加了约 2 亿 t。

由于能源转型和经济结构调整，中国有可能在 2030 年前，甚至 2025 年前实现 CO_2 排放达峰。中国已经明确了碳中和目标和路径。2015 年巴黎气候变化大会上，中国宣布了到 2030 年的自主贡献目标，其中最重要的一个目标就是中国的 CO_2 排放到 2030 年左右要达到峰值，并努力早日达峰。2019 年中国单位 GDP 的 CO_2 排放比 2005 年下降了 48.1%，已经超额完成中国在哥本哈根气候大会上承诺的到 2020 年中国单位 GDP 的 CO_2 排放比 2005 年下降 40%～45% 的目标。2020 年 9 月 22 日，习近平主席在第七十五届联合国大会一般性辩论上宣布，中国将提高国家自主贡献力度，采取更加有力的政策和措施，二氧化碳排放力争于 2030 年前达到峰值，努力争取 2060 年前实现碳中和。该目标的提出意味着中国在推进 21 世纪全球实现《巴黎协定》温升目标上迈出了关键一步。2021 年 7 月，中国气候变化事务特使解振华表示中国的碳中和目标是温室气体中和。

实现碳中和目标，需要社会经济体系、能源体系、技术体系等方方面面的巨大转变。首先，必须坚持新的发展理念，进行产业结构的调整和产业的转型升级，建立绿色、低碳、循环发展的产业结构，优先发展数字产业、高新科技产业，对难以减排的工业包括钢铁、水泥、化工、石化等，创新工艺和技术，如用氢作为金属冶炼还原剂替代焦炭等，实现清洁生产。其次，建成以新能源和可再生能源为主体的可持续能源体系，充分利用和发展风电、太阳能、水电、核电等，鼓励发展能源互联网、智能电网与分布式发电，合理采用 BECCS 技术和 IGCC 技术，让燃煤电站达到寿命期时自然

---

① 参考第三卷 4.9、5.3 节。

淘汰，有序实现煤炭工业和谐转型。最后，加强电气化，工业、交通、建筑等终端消费用电取代煤。在减少化石能源消费、CO_2 排放的同时，要增加森林的碳汇，用森林增加的碳汇来抵消少量的碳排放，实现碳中和；并在实现碳中和的同时促进环境质量的改善、促进中国经济的高质量发展和新发展理念的落实 [1]。

2. 主要政策措施

中国向联合国提交的中国国家自主贡献报告中提出到 2020 年碳排放强度下降 40% ~ 45%，到 2030 年碳排放强度下降 60% ~ 65%，并争取 2030 年前达峰 [2]。基于这一承诺，中国出台了一系列针对能源、建筑、交通等部门的具体政策，并采取了减排措施。同时，中国政府将气候行动目标纳入了国民经济和社会发展的五年规划中，颁布了相应的法律法规，加强了应对气候变化和控制温室气体排放的工作力度。例如，"十五"期间，国家重点发展 "气代油" "煤气化" "煤制油"，以及洁净煤技术；"十一五" 发展规划中提出要加强可再生能源的发展；"十二五" 期间出台了各类可再生能源发展专项规划和《能源发展战略行动计划（2014—2020 年）》；2016 年，国务院印发了《"十三五" 控制温室气体排放工作方案》[3]。在国家发展和改革委员会发布的《可再生能源发展 "十三五" 规划》中，中国制定了到 2020 年实现非化石能源占一次能源消费量 15% 的战略目标，加快了对化石能源的替代过程。

能源结构变化将较大程度上影响温室气体排放量。以可再生能源的开发利用（如生物质能、水电、地热、太阳能、风能和海洋能）来替代传统化石能源燃烧是影响未来全球能源生产、消费和排放量的关键。可再生能源的发展可以显著降低碳排放，并带来空气污染物减排的协同效益。

中国可再生能源发电规模和消费量在近年来持续增加，对碳减排和污染减排起到了重要作用。到 2019 年，中国可再生能源发电装机达到 7.94 亿 kW，同比增长 9%；其中，水电装机 3.56 亿 kW、风电装机 2.1 亿 kW、光伏发电装机 2.04 亿 kW、生物质发电装机 2254 万 kW [4]，分别同比增长 1.1%、14.0%、17.3% 和 26.6%。2019 年，可再生能源发电量达 2.04 万亿 kW·h，同比增长约 1761 亿 kW·h；可再生能源发电量占全部发电量的比重为 27.9%，同比上升 1.2 个百分点。其中，水电 1.3 万亿 kW·h，同比增长 5.7%；风电 4057 亿 kW·h，同比增长 10.9%；光伏发电 2243 亿 kW·h，同比增长 26.3%；生物质发电 1111 亿 kW·h，同比增长 20.4%。自 2016 年起中国成为全球第一大可再生能源消费国，每年新增可再生能源装机占全球近一半。2018 年，中国可再生能源发电量增长占全球增长的 45%，超过经济合作与发展组织（OECD）所有成

---

① 参考第三卷 2.2 节。
② UNFCCC. 2014. INDCs as Communicated by Parties-China Submission. https://www4.unfccc.int/sites/submissions/indc/Submission%20Pages/submissions.aspx.
③ 中华人民共和国中央人民政府 .2016. 国务院关于印发 "十三五" 控制温室气体排放工作方案的通知 .
④ 由于数值修约所致误差。

员方的总和。

中国核电发展也在全球处于领先位置。2019 年核电装机 4874 万 kW，中国运行的核电机组达 47 台，次于美国、法国，位列全球第三，和 2014 年的 2008 万 kW 相比增加了 143%。核电总装机容量占全国电力装机总量的 2.42%。发电量从 2014 年的 1332 亿 kW·h 增加到 2019 年的 3487 亿 kW·h，占全国发电量的 4.88%。2019 年在建核电机组 13 台，总装机容量 1387 万 kW，连续保持世界第一。

2013 年，中国国务院发布的"大气十条"提出十条措施，明确经过五年努力使全国空气质量总体改善、重污染天气较大幅度减少，京津冀、长江三角洲、珠江三角洲等区域空气质量明显好转。我国提出的政策措施中，发展清洁能源、控制煤炭消费，以及淘汰落后燃油车是重要部分。实施"大气十条"有力地推进了中国能源结构的改善，对 CO_2 排放的控制有明显的贡献。2018 年，中国国务院发布的《打赢蓝天保卫战三年行动计划》进一步提出，将经过三年努力大幅减少温室气体和主要大气污染物排放，主要措施包括：调整优化产业结构，推进产业绿色发展；加快调整能源结构，构建清洁低碳高效能源体系；积极调整运输结构，发展绿色交通体系；优化调整用地结构，推进面源污染治理；实施重大专项行动，大幅降低污染物排放；强化区域联防联控，有效应对重污染天气[①]。

4.2.4 中国地区减排及成效

低碳城市在中国控制碳排放进程中起到重要作用。国家发展和改革委员会于 2010 年 7 月 19 日发布《关于开展低碳省区和低碳城市试点工作的通知》，确定广东、辽宁、湖北、陕西、云南五省和天津、重庆、深圳、厦门、杭州、南昌、贵阳、保定八市为中国第一批国家低碳试点，2017 年开始进行的已经是第三批试点，包括 6 个省和 81 个市。

2014 年在《中美元首气候变化联合声明》中提出，中国计划 2030 年左右二氧化碳排放达到峰值且将努力早日达峰，2015 年向联合国提交的自主贡献报告中再次承诺该目标后，国内的一些城市也陆续提出了实现碳排放达峰的年份目标。2016 年底遴选第三批低碳试点城市时，国家要求申报试点的城市在试点实施方案中纳入碳排放峰值目标，并在第三批试点通知中公布了经审核的第三批 45 个试点城市的达峰年份目标。随后，除了第三批低碳试点城市外，部分第一批和第二批低碳试点城市也陆续提出了碳排放达峰年份的目标。

低碳试点的选择在地域范围上具有广泛性，在城市类型上具有代表性。基于对试点低碳发展状况、政策创新等方面的综合评估，低碳试点政策取得了积极成效。试点总体取得了较好的低碳发展绩效，试点城市的单位 GDP 二氧化碳排放下降率普遍高于非试点地区，碳排放强度的下降幅度也显著高于全国平均降幅。同时，各地对低碳发展的认识和能力大幅度提升，通过开展低碳试点，各地对低碳发展理念的科学认识有

---

① 参考第三卷 2.4 节。

了较大的提高，各地更加注重绿色低碳与经济社会发展的协调推进，对转变传统的粗放型发展理念发挥了重要作用。

试点过程中涌现出一批好的做法和经验，包括产业转型、能源转型、技术进步、低碳生活方式引导以及推动绿色低碳发展、加强生态文明建设的体制机制创新等，通过试点经验交流会、宣传推广等诸多活动，促进了城市低碳政策创新的相互模仿与推广，有效推动了低碳发展政策自下而上的实施[①]。

4.3　适应与减缓的协同作用

4.3.1　适应与减缓及其相互关系

适应与减缓作为应对全球气候变化的两大途径具有不同特点，必须并重。适应与减缓的目的都是减少气候变化的不利影响，促进人类可持续发展，其中减缓通过减少温室气体排放或增加碳汇来改变气候系统，而适应通过调整自然或人文系统应对现实或预期的气候变化及其影响以减少损失。减缓行动虽然在本地实施，但其影响是全球的、长期的。而适应行动在本地实施，可以短期见效，但效益也多为局地或区域的。针对未来预期的气候风险，提高人类和自然系统的适应能力至关重要（表 4-3）。即使全球大规模减排，气候变化已经并将持续发生，应对气候变化必须适应与减缓并重，二者不可偏废[②]。

表 4-3　适应与减缓的不同特点

要素	减缓	适应
长期目标	减少气候变化的不利影响，促进人类可持续发展	
主要行动	减少温室气体排放； 增加碳汇	降低脆弱性； 增强适应能力； 开发潜在发展机会
行动特点	有计划地主动预防	有计划地主动预防，也包括被动应对
时间尺度	长期见效	短期见效为主，部分措施长期见效
空间尺度	本地行动，全球受益	本地行动，本地或区域受益
成本效益评价	减排量有统一度量单位，减排成本确定	经济效益较易度量，生态效益和社会效益难以用货币度量
行动重点领域	能源、工业、农林、交通、建筑、城市规划设计等	农业、旅游、健康医疗、水资源管理、海岸带、城市基础设施规划、生态环境保护等；对气候敏感的第二、第三产业（主要是交通、建筑、矿业等高暴露产业和间接受影响较大的商业、贸易、金融、保险、餐饮等行业）

---

① 参考第三卷 5.6.1 节。
② 参考第二卷 1.2.6 节；第三卷 11.4.3 节。

续表

要素	减缓	适应
利益相关者	国际组织、中央和地方政府决策者、非政府组织（NGOs）、企业、涉及产生碳足迹的所有人	受到气候灾害影响的组织和个人、潜在气候脆弱群体、中央和地方政府决策者、NGOs 等
气候公平	减排存在"搭便车"问题；发达国家有对发展中国家进行资金和技术支持的义务	气候脆弱地区或气候脆弱人群往往不是碳排放大户

　　适应与减缓行动之间既有协同效应，也有权衡取舍。适应与减缓存在区域内和区域间的相互影响，尤其在水、能源、土地利用和生物多样性等领域有交叉点。一些行动兼有适应与减缓特点，可以发挥协同的作用。例如，生态工业园建设，通过清洁生产、能源审计、生命周期分析的国际认证、产业共生、城市共生等手段，在增强城市可恢复力的同时具有非常明显的节能减排效果。又如，林地和湿地保护、生态系统修复在增强生态系统可恢复力的同时增加碳汇。光伏治沙，在利用可再生能源发电的同时在一定程度上起到固沙的作用。反之，毁林和生态破坏在增加碳排放的同时造成水土流失，对适应与减缓都不利。在很多情况下，适应与减缓之间难以兼顾，需要权衡取舍。例如，工程类适应措施往往需要能源消耗和碳排放，碳中和需要大规模生物质利用和碳封存技术，在实现减排的同时还带来土地利用、水资源和生态环境风险（图 4-2）[①]。

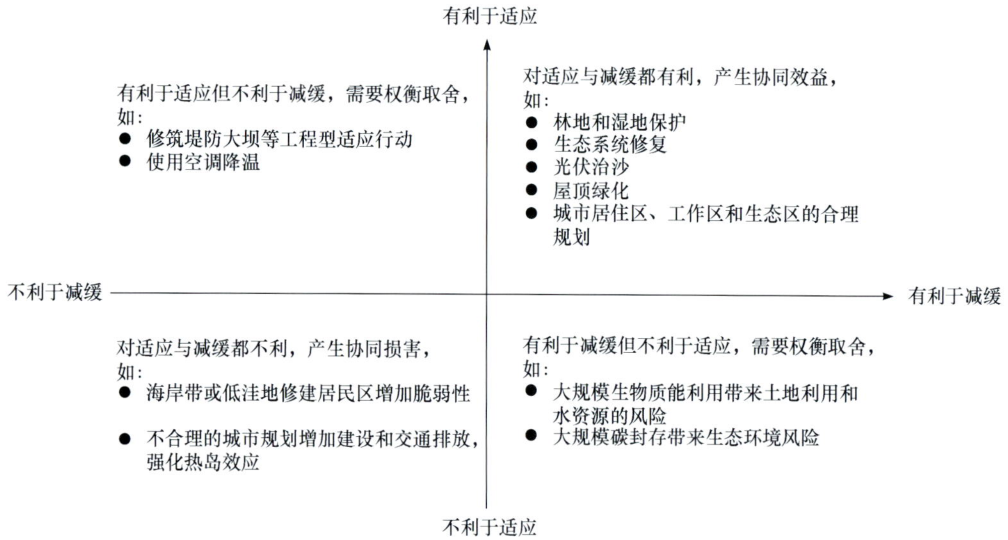

图 4-2　适应与减缓关系的示意图

　　应对气候变化与社会经济政策密切相关，要在可持续发展框架下推进适应与减缓行动（高信度）。气候政策与非气候政策的界限往往并不清晰，二者之间也存在协同

---

① 参考第二卷 1.2.6 节；第三卷 11.4.3 节。

效应或权衡取舍。例如，煤炭的开采、运输和利用过程不仅排放 CO_2 和污染物，还对水资源、土地利用和生态环境带来不利影响。以可再生能源替代化石能源在减少 CO_2 排放的同时，有利于人群健康、生态环境和能源安全，具有协同效应。但大规模快速"弃煤"会使一些行业和弱势群体受到不利影响，"公正转型"问题也值得关注。将适应与减缓气候变化的政策措施纳入现有部门发展规划以及决策过程中，有利于保证长期投资，更有利于有效地利用资金和人力资源，促进面向可持续发展的根本转型，从源头降低发展活动对气候系统的影响[①]。

近年来，太阳辐射管理（SRM）和 CDR 技术引起国际社会的高度关注和巨大争议（高信度）。其中，SRM 不直接减少大气中 CO_2 浓度，而是通过减少到达地面的太阳辐射来缓解地球升温，如平流层气溶胶注入（SAI）、海洋上空增加云反照率、增加陆地或海洋表面反照率等（C2G2，2019）。CDR 通过生物、物理或化学的方法移除或转化，以降低大气中温室气体浓度，如造林和森林生态系统恢复、BECCS 技术、直接从空气中捕获碳并封存（DACCS）、生物炭提高土壤碳含量、增强风化、海洋碱化、海洋施肥等。此外，科学家还提出阻挡极地冰架崩塌的"定向地球工程"（targeted geoengineering）等设想（Moore et al.，2020）。这些技术措施在理论上具有适应或减缓的作用，但各类技术特点和成熟度不同，如果大规模应用，可能带来高度不确定性和新的风险，引发公平伦理和国际治理等诸多问题，在引起国际社会高度关注的同时也带来巨大争议。例如，向平流层注入气溶胶一旦开始实施则需要持续很长时间，其在降低全球平均温度的同时，也改变全球温度和降水的分布、削弱植被的碳汇作用、加剧海洋酸化、影响生物多样性。一旦终止，气温将迅速反弹。再如，BECCS 技术要实现负排放，需要依靠大量生物质能源利用，占用大量土地和水资源，可能威胁粮食安全等（陈迎和辛源，2017；陈迎和沈维萍，2020）[②]。

> **知识窗**
>
> ### 公 正 转 型
>
> 实现碳中和目标意味着深刻的社会经济和能源系统转型。国际上提出公正转型的概念，倡导在迈向这一目标的进程中，采取相应政策措施，促进实现所有人体面就业、社会融合以及消除贫困的目标。
>
> 公正是社会的一种基本价值观念与准则，并且强调这种价值取向的正当性。公平则带有鲜明的"工具性"，强调衡量标尺的"同一个尺度"，以防止社会对待中出现双重或多重标准。可以说，公正是理念化、理想化的公平，而公平则是现实化、具体化的公正。

---

① 参考第三卷 1.4.1、13.2.3 节。
② 参考第三卷 3.9 节。

4.3.2 中国适应与减缓协同的措施行动和成效

适应与减缓并重是中国应对气候变化战略的基本原则之一。梳理中国在低碳发展与适应气候变化领域的行动发现，农业和林业碳汇，以及城市规划和治理存在大量适应与减缓协同的机会。

1. 农业和林业碳汇

中国实施林业生态工程使森林覆盖率持续增加，同时实现了增加碳汇和适应的效果。2019 年，中国森林总面积为 2.20 亿 hm^2，森林覆盖率为 23.0%。自 20 世纪 70 年代中期，中国实施了大规模的林业生态工程，最有代表性的是三北防护林体系建设工程、退耕还林还草工程、京津风沙源治理工程，它们极大地提高了所在地区的植被覆盖率，使中国森林格局发生了深刻的变化。以退耕还林还草工程为例，随着该政策的实施，黄土高原地区植被总盖率从 1999 年的 31.6% 提高到 2013 年的 59.6%。退耕还林还草是黄土高原地区生态系统碳汇增加的主要原因，2000 ~ 2008 年黄土高原地区生态系统固碳量增加了 9.61×10^3 万 t，相当于 2006 年全国碳排放的 6.4%。在多种未来气候变化情景下，中国南方亚热带典型林区的常绿阔叶树种和落叶阔叶树种的分布面积将明显增加，取代原本以纯针叶林为主的区域，同时地上生物量年初级生产力也明显增加，这样既有利于减缓，又具有适应效果[1]。

很多有关农业应对气候变化的技术措施不仅有利于增产、提高经济效益，还可以同时达到适应与减缓的效果。例如，节水灌溉技术节约灌溉过程中地表和地下抽水、水分运输过程和灌溉设施建设等方面的能耗，减少温室气体排放，同时提高用水效率，可节约 12.97% 的农业用水并增产 3015 万 t，实现 1783.68 元 $/hm^2$ 经济效益；保护性耕作措施可提高土壤水分利用率，减少土壤侵蚀，提高或保持土壤肥力，实现增加粮食产量 172.30 万 t，实现 2192.53 元 $/hm^2$ 的经济收益。另外，秸秆还田作为一项有效的增汇碳减排措施，同样具有保肥保墒、提升有机质和稳定作物产量的适应效果，值得推广[2]。

农业和林业的适应与减缓行动之间也可能存在权衡取舍。例如，在黄土高原一些不适合造林的地方实施人工造林，或虽适合造林，但密度过大或栽植高耗水树种，大量消耗水分导致出现了"土壤干层"现象。如果继续盲目扩大造林面积，可能会导致群落衰败和生态系统退化。因此，生态修复需要因地制宜地进行全面评估[3]。

2. 城市规划和治理

中国处于快速城市化进程中，城市应对气候变化需要适应与减缓协同治理。城市

---

① 参考第二卷 10.5.1 节；第三卷 9.6.2 节。
② 参考第三卷 9.6.2 节。
③ 参考第二卷 10.5.2 节。

是人口和经济活动大量聚集的产物。2019 年末，中国城镇常住人口约 8.5 亿人，城镇化率约为 60.6%。中国处于快速城市化进程中，城市不仅受气候变化影响较大，还是碳排放增长的一个不容忽视的来源。城市化进程以及城市规模、经济发展、产业结构、技术进步、对外开放水平、土地利用和空间结构等是影响城市碳排放的主要驱动因素。城市应对气候变化政策制定需综合考虑适应与减缓以及城市发展目标，这有赖于政府支持、部门合作及社会参与[①]。

　　加强城市规划和城市形态管理是提升城市协同适应与减缓能力的关键。通过城市规划，从人口密度、土地利用、建筑特征、空间组织结构、土地利用多样性、太阳能应用、居住区空间分布和基础设施等方面对城市形态进行管理，增强城市应对气候变化的能力。应当防止城市低密度蔓延式开发，提高土地混合和多样化利用，增强居住、就业、商业服务等活动的临近度和可达性以减少出行需求，并鼓励公共交通和低碳出行，这样往往可以同时提高城市的适应与减缓能力。具体措施包括：①加强对生物群落的保护和恢复，减少对森林的砍伐、重新造林和森林管理，以更好地发挥自然碳汇的作用。②在划定生态控制线后，利用生态线内河流、湖泊、生态湿地、山林、基本农田等自然生态资源，规划形成城市与郊区的绿楔，提高城市通风和散热能力，缓解城市热岛效应。③加强公共设施和交通基础设施建设，引导组团居住、就业、公共设施配置等相对平衡，减少城市交通拥堵和大量机动车出行导致的温室气体和污染物排放。④低碳工业布局，通过空间集聚和产业关联降低污染治理和运输能耗。发展循环经济，提高资源利用率，减少碳排放和污染物排放[②]。

　　开展低碳城市、气候适应型城市、海绵城市等各类试点示范，使城市应对气候变化取得长足进展。中国自 2010 年起分三批开展低碳城市试点，低碳省市试点范围扩大至 6 个省 81 个城市。2017 年初启动的 28 个气候适应型城市试点，支持试点城市率先强化城市适应理念，开展重点适应行动，积极提升监测预警能力，创建政策试验基地，打造国际合作平台，到 2022 年全面提升试点城市适应气候变化能力，并在全国推广试点成功经验。其中，半数以上兼有低碳城市、海绵城市、生态园林城市、智慧城市等国家级试点，有利于协同推进适应与减缓行动。这些城市通过试点，在城市规划、城市基础设施、城市建筑、城市生态绿化系统等重点领域开展了大量适应与减缓的工作。目前，针对低碳城市试点成效已有不少评估和总结，但针对城市适应与减缓协同效益的评估还很少[③]。

4.3.3　《巴黎协定》目标下的适应与减缓策略

　　《巴黎协定》目标下，全球适应与减缓需要采取"双紧"策略。在全球层面，减缓是最好的长期适应策略。《巴黎协定》目标下的不同排放情景研究表明，2050 年前的温升都会很明显，与更高温升目标下的路径差别不大。在 1.5℃温升下，多数情景在 2050

---

① 参考第二卷 8.2.2 节；第三卷 5.3.1 节。
② 参考第三卷 5.4.2、5.7.4 节。
③ 参考第二卷 8.3.3 节；第三卷 5.6.1 节。

年左右温升会达到 1.6℃以上，到 2100 年再回到 1.5℃温升，未来几十年的温升仍然很快。在 2℃温升目标下，适应的需求更加紧迫。因此，在《巴黎协定》目标下，需要采取适应与减缓的"双紧"策略，减缓瞄准低温升目标，而适应则应针对高温升情景，二者统筹兼顾、协调平衡、同举并重[①]。

各部门分散实施的适应与减缓行动需要协同管理和优化。协同管理的有效性取决于知识、制度、技术、管理能力等多种因素，很难实现最优协同点，但可依据某些决策原则寻找次优或最有满意度的政策组合。IPCC 报告推荐多目标评估技术、参与式规划和决策方法，以制定适应规划、提升协同管理能力[②]。

在《巴黎协定》目标下，中国提出 2030 年前碳达峰和 2060 年前碳中和目标，意味着社会经济的全面深刻转型，其中能源加速转型尤为重要，可能带来新的适应需求。碳中和目标相关情景研究表明，到 2050 年，可再生能源和核电等零碳能源要占到一次能源需求量的 70% 以上。考虑气候变化对能源、交通等基础设施的影响，迫切需要加强相应的适应措施。例如，风电场和光伏发电布局需要充分考虑气候变化对风光资源分布的影响，水电大坝建设需要尽可能减少对生态环境的影响，进一步强化应对极端降水变化引发的洪涝灾害的能力。建筑和交通等终端用能部门全面电气化后，传统电网和智能化水平不高的电网供电的脆弱性增强，适应气候变化的风险将更为紧迫[③]。

■ 参考文献

巢清尘，刘昌义，袁佳双. 2014. 气候变化影响和适应认知的演进及对气候政策的影响. 气候变化研究进展，10（3）：167-174.

陈敏鹏. 2020.《联合国气候变化框架公约》适应谈判历程回顾与展望. 气候变化研究进展，16（1）：105-116.

陈迎，沈维萍. 2020. 地球工程的全球治理：理论、框架与中国应对. 中国人口·资源与环境，30（8）：1-12.

陈迎，辛源. 2017. 1.5℃温控目标下地球工程问题剖析和应对政策建议. 气候变化研究进展，13（4）：337-345.

《第三次气候变化国家评估报告》编委会. 2015. 第三次气候变化国家评估报告. 北京：科学出版社.

姜晓群，周泽宇，林哲艳，等. 2021. "后巴黎"时代气候适应国际合作进展与展望. 气候变化研究进展，17（4）：484-495.

吴绍洪，罗勇，王浩，等. 2016. 中国气候变化影响与适应：态势和展望. 科学通报，61：1042-1054.

C2G2. 2019. Geoengineering：the Need for Governance. New York：Carnegie Climate Geoengineering

---

① 参考第三卷 3.3 节。
② 参考第三卷 11.4.3 节。
③ 参考第三卷 12.2.3 节。

Governance Initiative（C2G2）.

IPCC. 2018. Global Warming of 1.5℃. An IPCC Special Report on the Impacts of Global Warming of 1.5℃ above Pre-Industrial Levels and Related Global Greenhouse Gas Emission Pathways，in the Context of Strengthening the Global Response to the Threat of Climate Change，Sustainable Development，and Efforts to Eradicate Poverty. Geneva：Intergovernmental Panel on Climate Change.

Moore A，Mettiäinen I，Wolovick M，et al. 2020. Targeted geoengineering：local interventions with global implications. Global Policy，12（S1）：108-118.

第5章　具有气候恢复力的发展路径

- **执行摘要**

　　本章将全书的科学结论和可持续发展、决策结合起来，为我国未来应对气候变化展示可能的发展路径。实现《巴黎协定》气候目标，是所有国家承诺要做的事情。我国要支持世界实现全球气候目标，就要明确我国在全球减排路径中的角色，同时要分析这些减排路径的可行性，以及和其他社会经济发展目标的相关性。气候变化是一个国际合作事务，因而需要评估我国的国际合作策略和前景。本章在评估上述内容之后，提出针对我国实现碳达峰和碳中和目标下的政策选择，将应对气候变化作为共同的未来而设立战略方向。

实现《巴黎协定》温升目标需要我国 CO_2 的深度减排，进而也要求未来相应的能源和社会经济发展路径转型。具有气候恢复力的发展路径强调在实现减排路径的同时，也能够很好地应对气候变化带来的影响，以及和其他社会发展目标协同。本章首先从实现《巴黎协定》目标下的减排路径开始分析；然后和气候恢复力框架下的相关因素相结合，并纳入发展路径分析中。由于气候恢复力框架下涵盖因素较多，这里将主要评估和可持续发展目标的关联、气候变化风险应对、消除贫困、粮食安全、水安全、基于自然的解决方案、公平和伦理等方面的因素；之后给出我国参与国际气候变化合作的建议，以促进全球气候治理，助力人类命运共同体的构建，给出实现气候恢复力发展路径；最后给出对我们共同的未来的展望。

5.1 《巴黎协定》温升目标下全球与中国碳排放空间与实现路径

5.1.1 全球与中国碳排放空间

根据 IPCC AR5 第三工作组报告，在很可能实现 2℃温升水平的情景下，2011～2050 年的全球累积 CO_2 排放空间为 5300 亿～13000 亿 t CO_2，2011～2100 年的全球累积 CO_2 排放空间为 6300 亿～11800 亿 t CO_2。这个排放空间已远小于全球 1870～2011 年的 18900 亿（16300 亿～21250 亿）t 的累积 CO_2 排放量。这一结论与第一工作组的相关结论基本一致。在第一工作组报告中，基于 CMIP5 地球系统模式模拟，RCP2.6 情景下 2012～2100 年的累积 CO_2 排放空间为 9900 亿（5100 亿～15050 亿）t CO_2。二者存在差异的原因在于第一工作组与第三工作组在采用的模型（综合评估模型和地球系统模型）、计算温升的起始年（1861～1880 年和 1850～1900 年）、情景数量（第三工作组收集了更为广泛的情景）、温室气体排放范围（是否包含森林和土地利用相关的 CO_2）等方面存在不同[①]。

2018 年发布的《IPCC 全球 1.5℃温升特别报告》从方法学、温升定义、非二氧化碳排放贡献、剩余排放空间大小等多个方面，与 IPCC AR5 相比均有较大变动。《IPCC 全球 1.5℃温升特别报告》指出，要实现 2℃温升水平，全球 2030 年排放相对于 2010 年要减少 20% 左右，在 2075 年左右实现近零排放；1.5℃温升水平下减排力度要在此基础上大大提高，包括非二氧化碳排放，其中要求全球二氧化碳排放 2030 年相对于 2010 年减排约 45%，在 2050 年左右实现净零排放，甲烷和黑碳 2050 年排放相比 2010 年需下降 35% 以上。

2021 年发布的 IPCC AR6 第一工作组报告指出，在 1.5℃温升目标下剩余碳预算，2020 年后为 5000 亿 t CO_2（50% 可能性实现温升目标），以及 4000 亿 t CO_2（67% 可能性）。在 2℃温升目标下，剩余碳预算分别为 13500 亿 t 和 11500 亿 t CO_2。与《IPCC 全球 1.5℃温升特别报告》相比，该结论差别不大。

① 参考第三卷 3.3 节。

2℃和1.5℃温升水平下严格的碳预算约束意味着，全球剩余碳排放空间将很快耗竭。根据最新的全球 CO_2 排放数据，2016 年能源燃烧和与工业过程相关的 CO_2 排放为 37.0Gt CO_2。因此，如果全球碳排放维持在 2016 年的水平上，则 2℃温升目标下的全球剩余碳预算仅够排放 30 年左右，而 1.5℃温升目标下全球剩余碳预算的耗竭时间还不到 15 年。需要强调的是，尽管温升与累积碳排放之间存在近似线性关系，但比例参数存在较大的不确定性，其上下限差距可能达到 2 倍以上。

在考虑多种排放分配准则的情况下，实现全球 2℃温升水平的目标，在全球 10000 亿 t CO_2 排放碳预算情景下，2010 ~ 2050 年中国累积碳排放空间范围为 1700 亿 ~ 4230 亿 t CO_2，较多研究采用 2900 亿 ~ 3200 亿 t 的范围。实现 1.5℃温升水平下我国 2010 ~ 2050 年的碳预算为 1900 亿 ~ 2300 亿 t。

5.1.2　全球减排路径

2012 年以来，全球排放情景的研究进展主要体现在将针对全球温升 2℃和 1.5℃作为代表排放路径。2014 年出版的 IPCC AR5 第三工作组报告，评估了 2℃温升目标下的多种排放情景（IPCC，2014），其评估结果支持了 2015 年《巴黎协定》中温升目标的确定。IPCC AR6 第一工作组报告展示了排放路径，见图 5-1[①]。

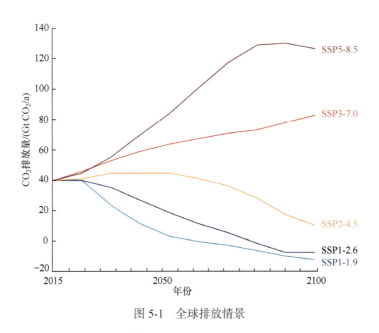

图 5-1　全球排放情景

图 5-1 中给出的情景是在大量原有 SSPs 情景的框架下，针对不同的辐射强迫水平给出的排放情景。这些排放情景主要来自十几个全球综合评估模型组的全球情景结果（IPCC AR6 第一工作组报告）。

---

① 参考第三卷 3.2 节。

全球要实现2℃温升水平，从全球情景分析来看，主要特点如下：

有多种减缓路径可将全球温升控制在相对于工业化前水平的2℃以下。这些路径要求在未来几十年大幅减排，并在21世纪末实现CO_2和其他长寿命温室气体（GHG）的排放接近于0。这些减排措施的实施会对技术、经济、社会和体制带来巨大的挑战，如果无法尽早加大减缓力度，同时可用的关键技术不能及时出现，那么这些挑战就会更大。将变暖限制在更低或更高的温度水平会带来类似的挑战，只是时间尺度有所不同而已。

到2100年GHG浓度达到大约450ppm CO_2eq或者更低的排放情景有较大可能（大于67%的可能性）将21世纪的温升控制在工业化前水平的2℃以下。这些情景的特征是：与2010年相比，到2050年全球人为GHG排放量减少40%~70%，到2100年排放水平近于0或更低。在到2100年达到约500ppm CO_2eq浓度水平的减缓情景中，多半可能（大于50%的可能性）将温升控制在2℃以下。一些情景在2100年前暂时超越530ppm CO_2eq的浓度水平，这种情况下这些情景或许可能（50%左右的可能性）将温升控制在2℃以下。在这些500ppm CO_2eq的情景中，2050年的全球排放水平比2010年低25%~50%。2050年排放水平增高的情景在2050年之后更加依赖CDR技术。

5.1.3　中国减排路径

1. 排放情景

2012年之后，针对中国的排放情景研究有了很大进展。全球排放情景中一般都包括中国，因此在全球情景数据库中有不少关于中国的情景。国内的研究机构以及一些国际研究机构也对中国的能源和排放情景进行了不少研究。

近期的研究进展主要包括针对2℃和1.5℃温升水平下的减排途径研究。一些情景中也包括了工艺过程排放以及土地利用排放等。针对非CO_2温室气体的排放的研究也开始增多。图5-2给出了国内模型组的能源需求情景，图5-3给出了CO_2排放情景[①]。

目前，国内情景研究能够和全球2℃温升水平下中国碳预算相匹配的还不多，能够实现较大概率（67%以上）2℃温升目标下的情景研究非常有限。有一些情景可以实现2℃温升目标，但是可能性只能达到50%以上。

这些情景有一些共同点，包括一次能源中可再生能源比例大幅度提高，到2050年占一次能源比例为43%~81%。核电发电量都在增加，但是增加幅度差别很大。2050年核电装机容量为140~510GW。其中，一些1.5℃温升情景中核电装机容量到2050年达到510GW，占2050年发电量的42%。在国家发展和改革委员会能源研究所高比例可再生能源情景中，2050年可再生能源占到一次能源需求的70%以上，基本实现电力供应的可再生能源化，不同的是其核电装机到2050年只有150GW。

---

① 参考第三卷3.4节。

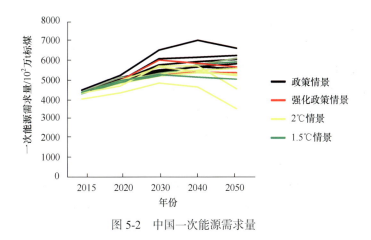

图 5-2　中国一次能源需求量

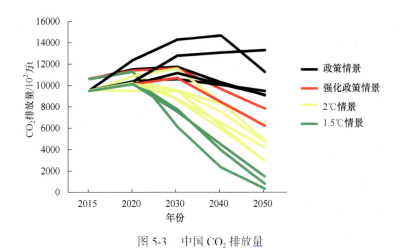

图 5-3　中国 CO_2 排放量

针对 2℃温升情景，CO_2 排放到 2050 年和峰值相比将下降 65%～70%，而针对 1.5℃温升情景，则需要在 2050 年或者稍后实现 CO_2 净零排放（图 5-3）。很多针对未来排放情景的研究表明，实现《巴黎协定》温升目标均需要在 2050 年进行 CO_2 的深度减排，并尽早达峰。不少情景研究结果表明，实现这些温升水平，我国需要在 2025 年左右实现 CO_2 排放的达峰。

2. 能源转型路径

实现碳达峰、碳中和目标，需要能源系统的明显转型，在 2050 年左右实现能源系统的净零排放，支持 2060 年碳中和的目标实现。提高能效、通过能源转型和可持续消费降低能源服务需求、提高终端电气化率和电力系统脱碳化是中国实现能源和低碳转型的主要途径，具体包括：

2020～2030 年，大力发展低碳能源，开始改变化石能源主导的格局，推进传统能源低碳化和低碳能源产业化，使化石能源消费在 2030 年前或者更早时间达峰。一是推进碳排放总量控制，以碳排放峰值和非化石能源目标推进能源系统和产业结构加速低碳转型，使非化石能源规模化推广的商业模式日益成熟。二是通过扩大市场化，进一步降低非化石能源的成本。构建适合于大规模可再生能源接入的电网系统，促进绿色电力的消费和供应。三是全面推进节能，实现各个部门的节能达到世界领先水平，采取措施推进先进节能技术的普及，如大力推进超低能耗建筑，采用建筑能耗标准。四是加强能源领域的国际合作，为实现能源进出口模式的转变打下基础。

2030～2050 年，加快推进能源技术创新、产业创新、商业模式创新，推动非化石能源占比大幅提升，低碳能源成为主力能源，为建成气候友好型能源体系奠定基础。一是实现经济发展与化石能源消费脱钩。新增能源消费基本由非化石能源满足。二是构建大规模非化石能源发展的基础设施网络。化石能源的电能替代得到全面推进，能源清洁化低碳化水平显著提升，非化石能源电力在发电装机和发电量中的占比分别进一步提升至 80% 以上和 60% 以上的水平，单位发电量碳排放因子实现大幅下降。三是建设先进的能源互联系统。全面推动智能电网、智能燃气网、智能热力网、智能交通、智能建筑等基础设施建设，增强多网融合、互动，建立以信息技术、智能电网技术、储能技术为基础，并具备灵活、互动、自愈、兼容等特点的跨区域新型电力系统。四是终端部门提高全面电力化和高度节能技术的普及水平。

3. 政策途径的评估

在目前的排放情景和转型途径的研究中，实现这些减排和转型途径都和政策措施相关联。情景分析中的政策一般也依据模型方法不同而不同。经济分析模型，如可计算一般均衡（CGE）模型报告的政策主要是经济财政政策，如碳税、财政支出等，技术分析模型报告的政策则比较广泛，包括经济税收政策、行业政策等，如碳税、补贴、节能标准、排放标准、规划目标、技术和产业准入等[①]。

还有一些研究和评估认为气候变化谈判中的承诺也是政策之一。近期的研究更多分析的是更新的自主贡献的目标，以及 2050 年的低排放战略。这些是《联合国气候变化框架公约》要求各国在近期提交的。但是减排目标一般可以来自情景分析的结果，特别是针对《巴黎协定》温升目标下的减排路径的目标。

在实现《巴黎协定》温升目标的减排途径中，碳定价，特别是碳税在很多研究中都作为重点进行分析的政策。由于 CGE 模型主要依赖纳入碳税来促进经济发展模式变化，从而实现减排，因而 CGE 模型报告的碳税比较多。而技术评估模型中碳税和补贴的作用类似，都是对技术的运行成本产生影响，使得使用化石燃料，或者来自化石燃料发电的电力成本更高。而由于技术评估模型中对技术选择的改变产生影响的还包括补贴、标准、准入、规划等因素，碳税在其中扮演的角色就相对较小，因而技术评估模型报告的碳税就会较低，甚至不需要碳税。另外一个重要因素是技术评估模型更多

---

① 参考第三卷 11.3 节。

地考虑了未来低碳或者零碳技术成本的下降，因而碳定价的作用可能会逐渐变弱。

根据对近期研究的分析，实现 2℃温升目标下的碳税在 2030 年为 50～300 元 /t CO_2，2050 年为 50～2300 元 /t CO_2。但是也有研究认为，由于低碳和零碳技术成本已经远低于化石燃料技术，因而其对碳价格的需求不大。

技术评估模型给出的政策较为广泛[①]。根据对几个技术评估模型组的减排情景和转型途径的分析，主要的政策和措施总结见表 5-1。

表 5-1　政策和措施总结

领域	政策和措施
能源	控制能源消费增长，设置总量目标，加大清洁能源的发展。
	强化节能力度，在已有的大力推进节能的成效之上，推进节能标准、低能源低碳消费，开发节能技术。
	不再新建燃煤电站，一体化煤气化联合循环发电（IGCC）电厂除外。让燃煤电站自然淘汰，或转为备用电站，有序实现煤炭工业的转型。
	2020 年之后尽早采取经济财税政策，如碳定价政策，促进节能和清洁能源发展。我国长期采取政令措施，效果已经弱化，需要转向以财税为主的政策体系，推动能源转型。
	大力促进可再生能源发展，提供各种政策支持，包括补贴、配额制等，以使可再生能源能够在未来几年实现较高装机目标。
	大力推进核电发展，每年达到 1500 万 kW 的新增装机规模，2050 年达到 4 亿～4.5 亿 kW 或者以上的装机规模。
	在未来能源消费增长缓慢、清洁能源大力发展的格局下，能源基地的安排需要重新考虑，特别是对某些依赖能源的地区，如新疆等，需要重新考虑其经济发展格局，避免一个区域过度依赖化石能源，而未来可能出现重大转变带来的区域问题。
	注重对化石能源的投资的控制，在全球已经走向低碳能源的格局下，煤炭、石油在 2050 年之前会大幅度减少，导致其价格长期处于低位，目前对煤炭和石油的投资风险极大，如对煤化工、国外油田的投资等，国家需要制定明确的政策进行控制。
	制定我国能源发展的路线图，推动能源转型的逐步落实，设计平稳转型规划，避免能源转型对经济和就业带来的负面影响，在国家可以接受和制度安排的条件下实现转型
交通	根据不同城市规模，大力发展轨道交通、公共交通，以及构建慢行绿色交通体系。促进电动汽车发展，构建适合电动汽车发展的基础设施。到 2030 年全部城市实现低碳交通体系，不再销售燃油汽车。研发以氢燃料电池为基础的船舶、货车和飞机技术。2050 年交通体系近零排放
建筑	全面发展低能耗、低排放建筑，采用国际最先进建筑标准，使低能耗、低排放建筑在近期占据新建建筑的主要部分。到 2020 年全部新建建筑符合低能耗、低碳建筑要求；推进农村新建建筑低能耗和超低能耗化，并和近零排放建筑技术相结合，改进农村建筑的零碳化水平
工业	强化工业节能，大力促进电力化和可再生能源利用，发展氢基能源，在钢铁、水泥等行业利用 CCS 技术，推进设置零碳目标的碳先锋企业
消费	促进低碳生活和消费，鼓励公众采取低碳出行，采用碳标识，促进鼓励低碳消费。推进消费侧激励低碳、零碳产品和服务，如采用政府采购和企业碳中和承诺挂钩、区域产品准入制度等

实现 1.5℃温升目标需要更加强有力的政策措施，基本需要我国在 2050 年左右实现能源活动碳净零排放[①]。实现净零排放有可能会更好地促进经济发展。我国努力争取 2060 年前实现碳中和的主要途径包括：

---

① 参考第三卷 3.7 节。

（1）在2050年前实现电力系统的零排放，甚至负排放。从"十四五"开始，加大对可再生能源的规划，每年新增光伏7000万kW以上、风电3000万kW以上、水电1000万kW以上，"十五五"期间每年新增光伏1亿kW、风电5000万kW。"十四五"期间核电每年新增10台，新增装机容量1200万kW。2030年之后提升到每年新增13台，新增容量为1500万kW。煤电机组到寿命期（30年寿命期）就停止发电，或转为备用电站，同时煤电机组开始进行调峰机组改造，2025年之后进入大规模调峰阶段。煤电调峰设定相应价格机制，可以保障煤电机组的盈利水平。由于光伏等可再生能源上网电价可以下降到0.3元/（kW·h）以下，核电上网电价下降到0.35元/（kW·h）以下，在考虑电网等系统成本的情况下，总体上消费侧电价平均水平下降。电力系统可以在不提升供电电价的情况下实现电力系统的深度减排。到2030年之后，开始开发BECCS技术，到2050年实现BECCS技术装机2亿kW以上，每年捕获CO_2在8亿t以上。这样可以实现2050年前电力系统净零排放，以及负排放。

（2）电网强化发展，构建适合近零排放的电力供应系统。在2050年近零排放情景中，电力需求明显上升，电网供电结构中光伏和风电等间歇性电源占到50%以上，水电和生物质能发电占到15%以上，核电占25%以上，其他化石能源电力占7%左右。这样的电源结构需要一个强化电网的支持。基荷电源、峰荷电源，以及储能电源需要电网匹配。同时，终端部门完全电力化或者高度电力化，需求侧的负荷曲线会出现很大变动，加剧峰谷差，这时也需要电网的支撑。"十四五"期间，要根据电网长期发展目标，开始有计划地构建适合碳中和的电网系统。

（3）交通部门完全清洁能源化。小汽车、大巴车基本以电池纯电动汽车为主，中小型货车以电池电动汽车为主，部分重型货车采用氢动力燃料电池。小型船舶利用电池，大型船舶采用氢燃料电池技术或者生物燃油。难以电气化的铁路使用氢燃料电池技术。小型支线飞机使用电池驱动，大型飞机使用氢动力驱动。考虑到氢动力飞机研发到商用周期，2050年还需要为既有燃油飞机采用生物燃油替代航空煤油。"十四五"期间继续推进电动汽车发展，2025年之后电动汽车价格低于燃油汽车，不再需要补贴。"十四五"期间鼓励一些碳先锋城市采取措施鼓励电动车的使用，如仅公交和电动车行驶区域，加油站逐步从市区搬离等。同时加大对新型技术，如燃料电池驱动技术，以及氢燃料飞机的研发。

（4）建筑部门基本完全电力化。"十四五"期间明确鼓励写字楼、酒店、餐饮业采用电炊。加强对室内利用天然气带来的室内污染和小区污染的宣传，鼓励居民采用电炊方式。"十四五"期间明显加大推进超低能耗建筑。未来采暖方式以电采暖、工业余热采暖、核电厂供热、低温核供热、可再生能源供热为主。

（5）工业大幅度提升电力化水平。更新生产工艺，工业窑炉和锅炉供热采用电力。设立工业园集中供热，利用天然气和煤炭供热的大型热力设施，安装CCS。对于难以减排的行业，如钢铁、水泥、石化、化工、有色等，则推进工艺革新，采用氢作为还原剂和原料进行生产。氢来自可再生能源和核电电解水制绿氢，或者其他零碳过程制氢。

（6）实现净零排放，需要创新技术，如氢基工业、氢动力飞机、高效低成本电解水制绿氢技术、新型材料等，也需要即刻安排研发投入，以确保我国在新的技术竞争中处于前端。

（7）实现净零排放，会给社会、经济带来明显影响，需要战略准备。未来产业布局会受到价格低廉可再生能源和核电的明显影响，甚至会出现我国工业的再布局。

（8）未来能源转型和经济转型，需要重视公正转型，或者和谐转型。有一些受到负面影响的行业，目前还会有近 1500 万的职工，他们会受到影响，进而会波及近 4000 万人的生计。欧盟计划在公正转型方面投入 3 万亿欧元，做到"不落下一个人"。我国的公正转型也需要做这样的安排。我国到 2050 年累计 GDP 可以达到 6000 万亿元左右，可以用 10 万亿元左右作为保障公正转型的所需资金。

（9）碳中和路径中 BECCS 技术在 2040 年后将会扮演重要作用，直接空气捕获技术的应用前景也更为广阔，需要在早期进行技术准备。

5.2　应对气候变化与可持续发展

5.2.1　应对气候变化与可持续发展目标的关联

可持续发展是人类发展的必要选择。可持续发展强调经济、社会和环境三个层面的协调，涵盖内容较广。2015 年，联合国可持续发展峰会通过了《2030 年可持续发展议程》，意味着全球可持续发展进入了一个全新的机制框架。《2030 年可持续发展议程》面向所有发达国家和发展中国家可持续能力的提升，以人为中心，推进全球环境安全、经济持续繁荣、社会公正和谐以及提升伙伴关系，是到 2030 年实现全球可持续发展的路线图。《2030 年可持续发展议程》包括政治宣言、实现可持续发展的 17 项目标和 169 项具体目标、执行手段以及后续行动，提倡国家自主贡献，并为各国制定可持续发展战略提供了普适性的目标。其中，目标（goals）和具体目标（targets）是议程中的重要内容，涉及无贫穷，零饥饿，良好健康与福祉，优质教育，性别平等，清洁饮水和卫生设施，经济适用的清洁能源，体面工作和经济增长，产业、创新和基础设施，减少不平等，可持续城市和社区，负责任消费和生产，气候行动，水下生物，陆地生物，和平、正义与强大机构，促进目标实现的伙伴关系等诸多方面，实质上明确了全球到 2030 年的发展愿景 [①]。

可持续发展目标（SDGs）针对导致贫穷的根本原因，并致力于满足实现发展的普遍需求，确保进步所得人人有份，因此涉及范围更广，目标也更加长远。《2030 年可持

---

① 参考第三卷 13.2 节。

续发展议程》涵盖可持续发展的三个维度：经济增长、社会包容和环境保护。气候变化是可持续发展所面临的巨大挑战中的一部分。

可持续发展和气候变化密切相关。应对气候变化在可持续发展框架下也超出了传统的针对减少排放活动和适应的方面，扩展到社会、经济、生态、地球系统等。围绕上述几大方面，近期研究包含了减缓对可持续发展目标的定量影响、与环境目标的关联、消除贫困、粮食安全、水安全、基于自然的解决方案、公平和伦理等。

IPCC 发布的《IPCC 全球 1.5℃温升特别报告》的评估结论认为，实现全球温升1.5℃路径下的减缓选择与 SDGs 存在多项协同及权衡，并且协同的数量大于权衡。这些协同和权衡的最终效果取决于影响的方向和程度、减缓措施的内容以及转型管理。

减缓和可持续发展目标的 SDG7（经济适用的清洁能源）、SDG8（体面工作和经济增长）、SDG9（产业、创新和基础设施）、SDG12（负责任消费和生产）直接相关。同时气候恢复力的含义则和所有 SDGs 关联[1]。

我国减排情景和 SDGs 的关联的研究也在进展中。在已经识别出关联的 SDGs 指标中，目前完成了对 10 个直接关联指标的定量分析，如表 5-2 所示[2]。

表 5-2　中国实现气候变化减缓 2℃目标路径下部分 SDGs 指标的定量结果

关联的 SDGs 指标		单位	2010 年	2015 年	2030 年
7.1.1 使用电力人口比例		%	—	100	100
7.1.2 使用清洁燃料和技术的人口比例		%	46.1	52.7	65.9
7.2.1 一次能源中可再生能源比例		%	10.5	15.7	27.0
7.3.1 单位 GDP 能源强度		t oe/10^2 万美元（2005 年价）	501	387	185
8.1.1 实际人均 GDP 年均增长率		%	17.7	11.1	6.2
8.4.2 国内物质消费，人均国内物质消费，单位 GDP 物质消费		t oe/10^2 万美元（2005 年价）	638	523	135
		t	2.08	2.65	1.74
9.1.2 客运和货运周转量分模式交通周转量	公路货运	10^9 人·km	3980	5339.5	10634
	铁路客运		752	912	1385
	航空客运		360.4	606.8	1841.9
	水路客运		7	7	7
	公路货运	10^9 人·km	3565	5209	10713
	铁路货运		2692	3347.5	5576
	航空货运		12	20.5	70
	水路货运		7949	10122.5	18136
	管道货运		209	430	1540

---

① 参考第三卷 13.5 节。
② 参考第三卷 3.8 节。

续表

关联的 SDGs 指标	单位	2010 年	2015 年	2030 年
9.4.1 单位增加值 CO_2 排放	kg CO_2/10^2 万美元（2005 年价）	1.92	1.23	0.44
12.2.2 国内物质消费，人均国内物质消费，单位 GDP 物质消费	t oe/10^2 万美元（2005 年价）	457	335	135
	t oe	1.49	1.69	1.74
12.5.1 国家回收率，回收量	10^2 万 t	—	1142.9	1314.4

5.2.2　气候恢复力与风险管理

随着人类对全球气候变化及其影响的认识不断加深，气候恢复力（climate resilience）逐渐成为气候变化风险管理的一个重要理念和框架。气候恢复力要求社会 - 生态系统应该具有以下能力：①吸收气候变化带来的外部压力并保持系统的正常运作；②适应、重组并发展出更理想的系统配置，提高系统的可持续性，促进更好的发展；③为应对未来气候变化影响做好充分准备。气候恢复力框架不仅可以加深人们对环境过程的理解，而且为研究人员、工程师、政府和政策制定者提出应对气候变化影响的可持续性对策提供合作交流平台。考虑到气候恢复力的影响因素及其关键特征，整个恢复力行动框架的实施过程应该是一个非线性的"闭环"（图 5-4），各层面和各尺度实施气候恢复力行动均应包括以下功能：① 了解问题并确定目标；② 确定选项及相关后果；③ 提出解决方案；④监督进展并在必要时调整计划（陈德亮等，2019）。

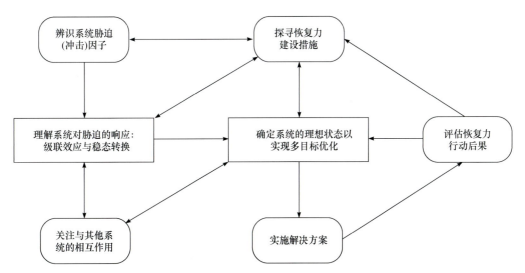

图 5-4　一个实施气候恢复力行动的通用框架（陈德亮等，2019）

中国是世界上受气候变化（尤其是极端天气气候灾害、冰冻圈灾害、海平面上升等）影响最严重的国家之一。进入 21 世纪以来，中国政府更加高度重视与气候变化相关的减灾和应急能力建设，从制度建设、运行模式和经验总结方面，建立了具有中国特色的减灾和应急能力建设框架。框架从国际视角对灾害风险管理工作的战略定位、工作部署、体制机制、工作手段和资源利用进行了统筹考虑，有利于切实提升国家和地方的减灾与应急管理能力，最大限度地降低灾害损失。但是我国近期不断出现的气候灾害带来的影响仍然十分巨大。2021 年出现的河南水灾导致 309 人死亡。极端天气的出现越来越频繁，范围越来越大。这需要我国将气候变化的应对和适应放在更为重要和迫切的地位并纳入政策中（陈德亮等，2019）。

中国未来气候恢复力建设要将减缓、适应和转型有机结合，建立管控区域社会 – 生态系统演化的综合监测、评估、预警和决策系统。具体方案和流程应该包括：①加强定位观测、遥感监测、模型模拟、社会经济统计、实地调查和参与性访谈以及地球大数据分析应用等，定期深入开展气候变化及其影响监测和评估，包括当前状态和预期的未来变化；通过深入评估系统运作状态，寻找系统存在的问题，在此基础上做好早期预警。②开展不同利益相关者之间的多学科对话，探讨针对具体问题加强恢复力建设的潜在解决方案。③综合评估不同方案实施的成本、效益和风险，做出最合理的决策和规划。④持续监测和评估系统动态，包括解决方案的实施情况，当有更好的解决方案时调整初始计划（图 5-5）（苏勃和效存德，2020）。

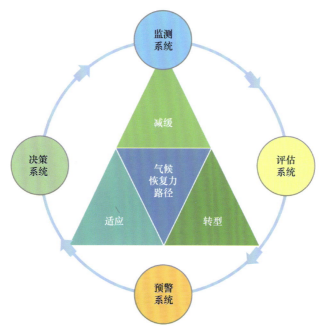

图 5-5　气候恢复力建设框架示意图（苏勃和效存德，2020）

总体而言，中国相关部门在未来灾害管理的方案建设和实践中，需要大大提升对气候变化带来影响的认知，继续全面、深入挖掘气候恢复力理念，从灾前监测、评估和预报、预警、预防，到灾后统筹协调和灵活应对，以期建立起更加全局性、精细化和参与式的灾害风险管理框架（陈德亮等，2019）。

5.2.3 应对气候变化与大气污染治理

应对气候变化和大气污染治理是我国目前环境领域政策的重点。我国 2007 年公布《中国应对气候变化国家方案》以来，气候变化就成为我国政策的主要领域。而2013 年国务院公布的《大气污染防治行动计划》，将我国长期以来治理大气污染的行动推向新的阶段。到 2020 年我国大气质量明显提升，超过计划目标。同时 2013 年以来，我国 CO_2 排放也改变了之前十几年明显上升的趋势，进入缓变的平台期。很多大气污染治理政策，如控制煤炭等化石燃料的使用的政策，与控制 CO_2 排放的政策是高度一致的。

中国大气气溶胶污染长期变化的主因和内因是污染物排放强度的变化，气候年代际变暖对中国重点地区和局地大气气溶胶污染长期变化趋势有影响，但没有起到主导作用。科学观测显示，2006 年以来京津冀地区近地面气溶胶中主要化学成分冬季峰值浓度在 2006～2010 年总体呈下降走势，2010～2013 年不断上升。2013～2017 年随着"大气十条"的实施，$PM_{2.5}$ 质量浓度明显下降。2013～2017 年长江三角洲和珠江三角洲地区的气溶胶浓度变化与京津冀地区基本一致。在污染排放变化不大的一段时间（如一年的冬季），不利气象条件是中国重点地区出现持续性气溶胶重污染的必要外部条件，污染形成累积后还会显著"恶化"边界层气象条件，形成不利气象条件与污染间显著的双向反馈[1]。

气候变化与空气污染之间的交互作用，威胁人群健康。气候变化增加高温热浪的频率和强度，而高温与颗粒物污染的交互作用可以引起一系列的心肺系统健康问题，主要表现在对非意外死亡、心血管系统疾病死亡、呼吸系统疾病死亡和肺功能的影响。除了高温的影响外，低温也表现出与颗粒物的协同作用，增加心血管系统疾病和呼吸系统疾病死亡风险。此外，气候变化可能会通过增加臭氧的主要前体物浓度而加速臭氧的生成，从而威胁人群健康[2]。

应对气候变化与大气污染治理有明显的协同效应，也存在一定的权衡取舍。大气污染物和温室气体具有同根同源的特性。在多数情况下，化石燃料燃烧是空气污染的主要原因，也是产生温室气体排放的源头。实现《巴黎协定》目标，通过深度减排的技术和政策措施，同时减少温室气体和空气污染物排放，将带来巨大的气候、环境和健康等方面的协同效益。越来越多的研究认为，将全球性、长期性的应对气候变化收益对应到更为局部区域性、短期的空气质量改善上，将有助于更好地提高应对气候变化的公众意愿。根据生态环境部环境规划院发布的《中国城市二氧化碳和大气污染协

---

① 参考第一卷 9.2.3 节。
② 参考第二卷 9.2.3 节。

同管理评估报告（2020）》，2015～2019年，全国335个地级行政单位和直辖市中约有1/3的城市实现了二氧化碳与主要大气污染物的协同减排。不过在实践中，也常常存在"低碳不环保"或"环保不低碳"问题。例如，水泥行业中某些节能技术会增加粉尘和NO_x排放，CCS作为二氧化碳的末端治理技术会降低火电厂的能效，消耗额外的化石能源，减少了碳排放但增加了空气污染。煤电、钢厂等工业过程加装脱硫脱硝装置等进行末端污染物治理，减少了大气污染排放但增加了碳排放等[①]。

实现应对气候与大气污染治理协同效益的主要途径是力争从源头减少化石能源使用，提高能源利用效率和优化能源结构。其包括减缓煤炭需求增长，提高煤炭的集中利用程度，减少并改进散煤利用形式，提高煤炭–电力全生命周期的能源转化效率（如调整火电结构、提高大通量高效率煤电机组比例、淘汰小容量落后机组等），发展水电、风电、太阳能、生物质能等可再生能源替代化石能源满足新增电力需求等。在应用低碳、零碳电力的情况下，交通部门推广电动汽车，也能实现减少碳排放与大气污染治理的协同效益[②]。

除本土排放之外，国际贸易导致的温室气体和污染物的转移排放，对各国经济和健康的影响有所不同。随着经济全球化的迅猛发展，各个国家之间的贸易联系越来越密切和频繁。国际贸易使得生产和消费分离，带来了碳和污染物排放的转移。研究表明，全球超过两成的二氧化碳排放与国际贸易有关，中国和其他新兴市场的生产侧排放高于消费侧排放，中国是转移排放的净出口国。而发达国家大多消费侧排放高于生产侧排放，是转移排放的净进口国[③]。

此外，应对气候变化与大气污染协同治理降低了大气中人为气溶胶浓度，产生了额外的增温效应。为了实现《巴黎协定》目标和大气污染治理目标，必须加大碳减排和大气污染治理的力度，以能源结构和产业结构调整为主的各项减排措施在减少黑碳气溶胶的同时会减少对气候系统具有冷却效应的其他类型气溶胶在大气中的浓度，减弱气溶胶的降温作用。不过气溶胶在大气中滞留时间较短，影响往往是区域性的，而且目前气溶胶对气候影响的理解仍具有很大不确定性[④]。

5.2.4　应对气候变化与其他系统的关联

气候变化和其他生态系统，如水–能源–粮食、土地利用、森林、海洋、生物多样性等存在密切的关联，中国实现碳中和目标需要重视复杂生态系统之间的关联关系。

随着气候变化的压力加剧，气候变化与水–能源–粮食的关联变得至关重要（Romero-Lankao et al.，2017；Kanakoudis and Tsitsifli，2019）。水–能源–粮食是和人类生存相关的重要因素，三者之间具有传导性和延展性，任何一种安全问题都可能通过关联的传导机制，构成国家、区域甚至全球的安全问题（Hoff，2011）。水–能源–

① 参考第三卷1.4.2、11.4.3节。
② 参考第三卷2.4.1、11.4.3、13.4.2节。
③ 参考第三卷2.2.1节。
④ 参考第一卷9.4.5节。

粮食关联（WEF-nexus）系统容易受到气候因素的影响，气候变化可能会影响能源与粮食生产的效率，导致可获得的淡水资源量下降（图 5-6）。中国正处于新型工业化和城镇化进程的加速推进阶段，对于水、能源、粮食的需求量很大，水消费量、能源消费量、粮食消费量均居世界首位。中国的水资源大多集中在南方，农业生产和能源储备集中在北方。水－能源－粮食关联系统协同安全度空间分布情况总体表现为南高北低、东优西劣的特点。水资源、能源和粮食时空分布不均衡、不匹配，很大程度上影响了资源流动与转化效率（支彦玲等，2020；李成宇和张士强，2020）。

水－能源－粮食的联系还涉及土地利用、森林、海洋、生物多样性等[①]。随着气候变化对植被分布产生影响和社会经济的发展，土地利用格局将发生改变。在过去气候变化和人类活动的影响下，中国部分森林、草原与草甸、荒漠和湿地生态系统的组成已经发生改变，未来气候变化将继续产生影响。过去气候变化使部分植物的生长和繁殖也发生了改变，未来气候变化下这些影响将继续，特别是极端事件对生态系统的结构和功能造成较大的不利影响，养殖动物和栽培植物等种质资源有继续丧失的危险，也有少部分物种的分布区可能出现扩张。气候变化也使海洋系统发生显著变化，如有害藻华增加、群落优势种改变、海洋生物暖水种北移、低纬度热带海域珊瑚白化、红树和海草死亡风险增加、底栖生物生存受到威胁[②]。

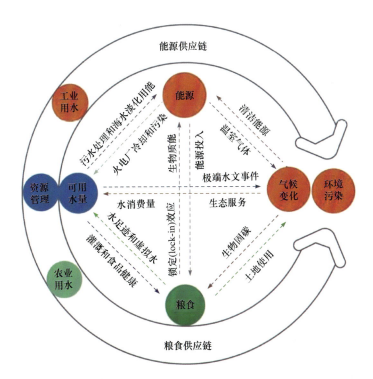

图 5-6　水－能源－粮食的联系图

① http://www.fao.org/3/ca8642zh/CA8642ZH.pdf.2020.5
② 参考第二卷 4.7、5.8 节。

"基于自然的解决方案"（NBS）是应对气候变化，统筹粮食、水、能源、土地、海洋、生物多样性等多维关系的有效路径，是实现碳中和的重要方案。2008年世界银行首次提出NBS。2016年世界自然保护联盟（International Union for the Conservation of Nature，IUCN）定义NBS为："通过保护、可持续管理和恢复自然或改良生态系统，开展因地制宜且有效的行动来应对社会挑战，提高人类福祉，并带来生物多样性方面的惠益"。根据相关研究，2016~2030年NBS为实现《巴黎协定》2℃温升目标做出了37%的贡献。2020年联合国《生物多样性公约》提出的《2020年后全球生物多样性框架预稿》也肯定了NBS对《巴黎协定》目标的贡献。NBS减缓气候变化的路径很多，包括：造林、可持续森林管理（人工林和天然林）、避免毁林和森林退化、林火管理、混农（牧）林系统、农田管理（保护性耕作、稻田水管理、农田养分管理）、秸秆生物炭利用、可持续放牧、草地保护和恢复、泥炭地保护和恢复、滨海湿地保护和恢复等（Griscoma et al.，2017；Shukla et al.，2019；张小全等，2020）。中国减缓潜力最大的NBS路径有农田养分管理、造林、避免毁林、泥炭地保护、生物炭、稻田水管理等[①]。这些NBS气候减缓路径在应对粮食和水安全、人类健康、灾害、生物多样性丧失等挑战方面还具有巨大的协同效益，可以同时增强生态系统的气候恢复力，帮助在农业、林业、牧业、渔业、水资源、城市、健康、海岸带等社会经济领域提高适应气候变化的能力。

中国NBS在应对气候变化方面发挥了积极作用。这些措施主要包括：生态系统保护和修复、资源可持续利用、野生动植物保护、有害生物防御、生态保护红线划定、生态功能区确定、自然保护地体系建立等。河北省塞罕坝机械林场通过植树造林实现植被修复；蚂蚁森林通过用户养虚拟树方式，倡导绿色低碳行为；库布其全球沙漠"生态经济示范区"实现了从"沙进人退"到"绿进沙退"的转变；浙江"千村示范、万村整治"工程项目对浙江省内的污染企业进行整顿，实现绿水青山；湖北、江西对长江中游治理，实现淡水管理与适应气候变化；深圳市深圳湾滨海区的红树林湿地修复行动，通过红树林湿地保护、可持续管理、重新种植红树林等方法，改变了红树林湿地系统生态功能退化的趋势。

中国未来应对气候变化中，需要强化NBS的作用。将NBS纳为国家治理、气候行动和气候政策工具，推动NBS在国内国际的治理和融资，赋予自然更高的价值。加强NBS的国际及区域合作，以"一带一路"绿色发展国际联盟为重点，积极推广"划定生态保护红线"NBS行动倡议，将其作为应对气候变化、生物多样性丧失的协同解决方案，为世界环境治理和可持续发展提供中国智慧和中国方案。将NBS融入能源、粮食、山、水、林、田、湖、草的整体规划、系统设计、组织实施、绩效评价及监督。综合考虑陆地生态系统和海洋生态系统的平衡，统筹能源、水和粮食三者的关系，以

---

① 大自然保护协会（TNC）.2020.解锁自然的力量 | 基于自然的解决方案.

不同的环境容量和资源承载能力设定相适应的绿色发展引导目标，从资源类别、开发强度、利用效率等方面开展区域协同，差别化管控功能区域水 – 能源 – 粮食的开发；加强针对近海生态系统的长期观测与系统研究，加强我国海洋领域在应对气候变化方面的工作；健全和加强多层次生物多样性保护政策，开发新的物种多样性保护技术，保护和恢复物种栖息地，加大建立生物多样性保护网络。通过可持续管理和恢复自然或改良生态系统的行动，保护恢复物种栖息地，保护生物多样性，增强水 – 能源 – 粮食系统的安全，提升生态系统应对气候变化的能力。

5.2.5　应对气候变化与消除贫困

消除贫困是全球可持续发展的首要目标，气候变化可能加剧贫困问题，中国为全球减贫目标的实现做出了重要贡献。气候变化将加剧人类和社会生态系统广泛的、严重的和不可逆影响的风险，尤其对广大发展中国家的影响更为显著，导致低收入、中等收入甚至高收入国家出现新的贫困人口。自《2030 年可持续发展议程》实施以来，全球减贫取得积极进展，但 2020 年新冠肺炎疫情在全球蔓延，对全球经济造成很大影响，导致全球数千万人重新陷入极端贫困，特别是最不发达国家（WHO，2020）。中国为减少贫困付出巨大努力，2013 年，党中央提出精准扶贫理念，创新扶贫工作机制，扶贫政策从救济式扶贫转为开发式扶贫。应对气候变化的不利影响，加强生态建设是扶贫攻坚的重要举措。截至 2020 年底，在现行标准下，9899 万农村贫困人口全部脱贫，中国成为全球首个实现联合国减贫目标的发展中国家，对全球减贫贡献率超过 70%[①]。

应对气候变化政策和行动可能影响部分人群的收入和生计，但也为农村地区脱贫致富提供了新机遇。应对气候变化措施，特别是碳达峰、碳中和目标对煤炭等高能耗和高污染行业影响深远，带来失业或职工收入下降。如果促进再就业和社会保障措施不到位，可能出现新的贫困人口。但同时，促进公正转型、发展绿色低碳产业也为农村地区脱贫致富带来新的机遇。例如，十八大以来，清洁能源扶贫是我国一项重要的扶贫政策。2014 ~ 2019 年，全国累计建成 2636 万 kW 光伏扶贫电站，惠及近 6 万个贫困村、415 万贫困户，每年可产生发电收益约 180 亿元，相应安置公益岗位 125 万个。2017 ~ 2019 年，国家累计安排中央预算内投资 13 亿元，建设农村水电扶贫电站装机 32.4 万 kW，已有 3 万多建档立卡贫困户受益于我国水电的发展。2012 年以来，贫困地区累计开工建设大型水电站 31 座、6478 万 kW，带动当地大量就业。此外，碳汇交易等减排政策为精准脱贫提供了新的思路和方法，如湖北省开展的贫困地区的农林类中国自愿减排量（CCER）核证，贵州省开展的深度贫困村单株碳汇精准扶贫试点，不仅为农民增收，还通过培训提高了农民应对气候变化的意识。脱贫只是第一步，碳达峰、碳中和目标将带来深刻社会经济变革、科技进步和政策引导，还将创造更多的

① 参考第二卷 1.2.8 节；第三卷 2.4.3 节。

"点绿成金"的新的发展机遇[①]。

5.2.6　应对气候变化与公平伦理

气候问题是一个自然科学问题，其本质涉及经济、政治、法律、伦理等复杂问题。公平一直是气候变化的核心问题和基本原则，涉及代际公平和代内公平，是实现全球可持续发展的关键。评价气候政策应以可持续发展和公平为基础，公平是国际气候合作的重要基石。全球气候治理中各方都承认公平和平等的重要性，但对于什么是公平，如何在国际制度的建设和发展中体现公平等问题往往存在巨大的分歧。综合评估模型中贴现率的选择隐含对公平内涵和优先性的不同理解。一部分人设定较高的贴现率，更注重当代人的生存和发展，倾向于认为后代人更富有，可以为适应未来气候变化负担更多成本。而另一部分人选择较低的贴现率，更多考虑代际公平，倾向于认为当代人应该尽早减排以避免未来气候变化造成更大的损失[②]。

《巴黎协定》自下而上的减排模式并不能规避各方对公平问题的争论。不同国际机构对减排差距和各国国家自主贡献（NDC）力度的评估结果反映了不同的公平理念。一部分人认为不同国家之间的边际减排成本差异巨大，中国的减排目标依然有较大的提升空间；也有研究与此不同，认为中国对全球减排有重要的贡献（Jiang et al.，2019；Teng et al.，2019）。"后巴黎"进程，围绕全球盘点、提高行动力度、强化向发展中国家提供支持的机制和措施等问题，公平依然是大国博弈的焦点[③]。

中国地域辽阔，气候变化影响的地域差异大，应对气候变化政策要充分考虑不同地区的差异性。气候变化对各地区的影响不同，省域间资源禀赋、经济发展水平、产业布局、碳排放强度、减排目标以及转移排放等方面也存在时空差异性，应对气候变化政策需要因地制宜制定差异性政策，这样才有利于优化资源配置，更好地调动各地应对气候变化的积极性[④]。

在《巴黎协定》目标下，实现碳中和目标意味着深刻的社会经济转型，公正转型问题受到高度关注。实现碳中和目标，不仅需要能源系统转型，实现零排放甚至负排放，而且各部门各行业都必须尽快实现峰值，尽可能深度减排。其中，对煤炭及相关产业的影响首当其冲，包括受影响的弱势群体的生计问题。促进公正转型已成为各国应对气候变化战略的重要组成部分（张莹等，2021）。

5.3　以全球气候治理助力构建人类命运共同体

全球气候治理的核心是以更为公平有效的方式遏制气候变化，将应对气候变化风险的挑战压力转变为全球绿色低碳发展的机遇动力，实现气候保护与人类经济社会发

---

① 参考第三卷 2.4.3 节。
② 参考第二卷 1.2.7 节；第三卷 1.3.1、13.5.2 节。
③ 参考第三卷 12.2.2 节。
④ 参考第二卷 1.3.2、22.5 节；第三卷 2.2.2、11.4.3 节。

展的共赢。这一进程本身就是构建人类命运共同体的探索和实践，是全球治理的一个重要领域。2015 年《巴黎协定》达成，标志着全球合作应对气候变化进入新的历史阶段。2020 年 9 月，中国提出了努力争取 2060 年前实现碳中和的长期目标，这将推动中国在保障经济社会可持续发展的同时，走向绿色低碳循环可持续发展的路径。中国将以构建人类命运共同体的理念为指引，以多方协作、包容互鉴和合作共赢的方式，在全球气候治理中发挥更为积极的作用。

5.3.1　全球气候治理体系及其面临的挑战

1. 全球气候治理体系和中国的贡献

全球气候治理是指从全球到区域、国家和地方以及个人应对气候变化政策与行动的集合，应对气候变化需要全球共同努力才能取得成效。当前全球气候治理体系是一种以国际气候变化法为核心的复合机制。这一复合机制主要包括各缔约方在《联合国气候变化框架公约》、《京都议定书》和《巴黎协定》及其缔约方会议决定组成的国际法体系；《蒙特利尔议定书》等与气候变化相关条约和国际民航组织、国际海事组织等国际组织，对其管辖范围内温室气体排放、适应气候变化行动的管控机制；"二十国集团""经济大国能源与气候论坛"等多边机制、政府间合作平台或倡议对全球应对气候变化的政治指导和行动；"一带一路"倡议等政府、民间跨国合作机制为应对气候变化、绿色低碳发展的推动，以及非国家行为体发起的应对气候变化国际合作行动等，除此之外，还包括学术界作为一个整体，对气候变化及其应对所做出的判断及其对国际、国家决策的影响[1]。

国际气候变化法体系确立了全球各国合作应对气候变化的基本原则，但也面临新的挑战。国际气候变化法体系对作为缔约方的主权国家具备法律约束力，所以处于全球气候治理的核心地位，但近年来各类非国家行为体积极参与全球气候治理，其参与主体、领域、形式多样，行为不受国际法约束，在积极推动各国履行国际条约义务的同时，也给国际法体系带来一定的挑战。国际气候变化法体系自身在近 30 年的发展过程中也发生了变化，各方对《联合国气候变化框架公约》建立的"公平原则"、"共同但有区别的责任原则"和"各自能力原则"的理解出现分歧，但这一重要原则对所主张的、依据各国对全球气候变化的历史责任和各自能力来承担共同但有区别的义务的指导思想仍然适用。与此同时，在国际气候变化法体系下，各缔约方履约的规则也发生了显著变化，主要体现在减排义务承担方式、提供资金支持的主体、履约的程序性规则等方面[1]。

中国一直是全球气候治理体系建设的重要参与方，未来将发挥更为积极的作用。从 1990 年 12 月 21 日联合国第 45 届大会通过第 45/212 号决议，决定设立气候变化

---

① 参考第三卷第 12 章执行摘要。

框架公约政府间谈判委员会，到1992年5月9日通过《联合国气候变化框架公约》、1994年3月21日生效，1997年12月11日达成《京都议定书》、2005年2月16日生效，再到2015年12月12日达成《巴黎协定》，气候变化国际谈判经历了曲折漫长的过程，而中国一直是应对气候变化国际制度建立的积极参与者。在巴黎气候变化大会上，中国国家主席习近平提出了创造一个各尽所能、合作共赢、奉行法治、公平正义、包容互鉴、共同发展的未来的全球治理模式。中国作为最大的发展中国家和第二大经济体，这些主张不但将是中国推进《巴黎协定》落实和后续制度建设的基本遵循，也将是中国进一步以负责任的态度，积极、建设性参与全球性制度建设的努力方向[①]。

2.《巴黎协定》后的全球气候治理格局

《巴黎协定》是国际气候治理历程中具有里程碑意义的文件，标志着全球应对气候变化进入了新的阶段。《巴黎协定》于2016年11月4日生效，重申了《联合国气候变化框架公约》所确定的"公平原则"、"共同但有区别的责任原则"和"各自能力原则"，明确了全球平均气温较工业化前水平升高幅度控制在2℃之内，并力争控制在1.5℃之内的新目标，建立了以"国家自主贡献"为核心的行动机制，这是第一份涵盖所有国家并获得一致同意的气候协定，首次使发达国家和发展中国家在统一的制度框架内，以有区别的方式承担各自的义务和贡献。不同于《京都议定书》，《巴黎协定》确定的是以各国自主贡献为核心的"自下而上"的行动机制，为了弥补这一机制可能导致的全球行动力度的不足，《巴黎协定》还建立了以5年为周期的全球盘点机制，以只增不减的方式促进未来各国逐步提升减排力度。

《巴黎协定》将促进全球应对气候变化的进程，以紧迫的全球长期减排目标推动全球经济低碳转型。《巴黎协定》的生效将从机制上对各国经济发展、能源消费、环境治理、金融机制、技术创新等方面产生深远的影响，极大地提振工商业的绿色低碳转型的信心，显著增加绿色投资、供给和就业，传递出全球将实现绿色低碳、气候适应型和可持续发展的积极信号。《巴黎协定》确立的"到21世纪末实现温室气体人为排放和汇之间平衡的碳中和"目标，相比此前更为明确地强调了能源低碳化乃至无碳化的迫切性，由于能源消费的CO_2排放占全部温室气体排放的约2/3，21世纪下半叶净零排放意味着需要结束化石能源时代，并建立形成以新能源和可再生能源为主体的低碳甚至零碳能源体系，这将加速世界范围内能源体系的革命性变革[②]。

《巴黎协定》后全球治理进程中的核心问题将是如何通过确立透明度原则建立互信，实现对缔约方履约的约束，提高应对气候变化的行动力度。《巴黎协定》采用了行动力度由各国自主决定的国家自主贡献模式，各国的减缓、适应、提供支持等目标力度本身及其是否实现并不是缔约方在《巴黎协定》下的义务，对于缔约方履行实质性义务的进展只能是基于透明度程序性义务的政治问责。因此，强化透明度成为确保

[①] 参考第三卷12.2.3节。
[②] 参考第三卷12.2.1节。

《巴黎协定》体系有效的基础和关键。《巴黎协定》"自下而上"承担义务的模式，无法将全球量化目标分解落实到各国，为全球目标能否实现带来了不确定性。为实现全球 2℃温升目标，发展中国家每年还需要 3000 亿～10000 亿美元的资金支持。在未来全球气候治理体系构建过程中，无论是各国政府还是学界，都需要更关注各国因资源禀赋、工业化和城镇化阶段、基础设施、人力资源等造成的技术应用成本差异性，提出更具实际操作性、更显公平的行动措施 [①]。

　　全球气候治理面临挑战和变数，但并没有改变全球合作应对气候变化的总体趋势。2017 年美国特朗普政府宣布退出《巴黎协定》，作为世界第一大经济体和主要排放大国，美国宣布退出《巴黎协定》使全球原本已经不足的集体减排和资金支持力度进一步出现赤字。按照美国国家自主贡献，如果完全不减排将使全球减排缺口增加 10%，而近年来美国向发展中国家提供的应对气候变化资金占到发达国家提供资金支持总数的 12%，美国不再履行向发展中国家提供资金支持的义务，这将对发展中国家履约和全球应对气候变化造成困难。面对美国退出《巴黎协定》后全球气候治理体系领导力存在的缺口，国际社会希望各主要参与方承担更大的责任，发挥更加积极的作用。2021 年 1 月美国新一届总统拜登就职当天就签署行政令，宣布美国将重返《巴黎协定》，并在 2 月正式重新加入 [②]。

　　总体而言，全球合作应对气候变化是大势所趋。中国明确表示《巴黎协定》符合全球发展大方向，不能轻言放弃，提出将坚持公平、共同但有区别的责任及各自能力原则，建设性参与和引领应对气候变化国际合作，推动落实《联合国气候变化框架公约》及《巴黎协定》，并在 2020 年 9 月宣布将努力争取 2060 年前实现碳中和；欧盟在 2019 年底发布《欧洲绿色新政》，承诺在 2050 年实现气候中和，并制定了关于能源、工业、建筑、交通等七个方面的政策措施路线图；即便是在美国特朗普政府宣布退出《巴黎协定》期间，美国各州层面的应对气候变化行动仍然在继续。截至目前，全球已经有 100 多个国家和地区有意愿在 2050 年前实现碳中和，这些趋势都意味着低碳技术领域的发展和竞争将是未来各国关注的重要领域。

　　3. 新冠肺炎疫情影响下的全球治理体系

　　新冠肺炎（COVID-19）疫情给国际社会带来复杂而深远的影响，但只是暂时性减少了全球温室气体排放。2019 年底开始的新冠肺炎疫情迅速蔓延全球，改变了全球政治经济发展前景，导致全球经济出现短暂衰退，加剧了逆全球化的倾向，全球贫富分化态势在疫情之下更加严峻，传统多边合作机制无法有效应对包括传染性疾病在内的诸多全球性问题，给国际社会带来复杂而深远的影响（张海冰，2020）。疫情导致的经济停滞使全球温室气体排放出现了暂时性的降低，短期排放下降主要集中在道路运输、电力和工业部门，其中航空业的排放量降幅最大，但对整体减排的贡献较小；2020 年

---

①　参考第三卷 12.6.1、12.6.2 节。
②　参考第三卷 12.6.3 节，第三卷第 12 章执行摘要

4 月初全球化石燃料的 CO_2 日排放量下降了 17%；而 2020 年 1~4 月，全球化石燃料 CO_2 日排放量比 2019 年同期下降了 7.8%~8.6%，后续取决于疫情的持续时间和控制措施（Le Quéré et al.，2020）。对疫情后排放情景的研究认为，如果各国对疫情后的经济刺激计划能集中于低碳领域，将有助于实现《巴黎协定》的目标（Forster et al.，2020）。各国有机会努力走向绿色循环低碳发展，实现应对疫情、经济发展和低碳建设的多赢（于宏源，2020）。

应对气候变化仍然是人类社会面临的更为长期、深层次的挑战。新冠肺炎疫情是突发的、紧迫的危机，影响着人类的健康和生命，而气候变化是更为长期、深层次的挑战，威胁人类的生存和发展。新冠肺炎疫情虽然破坏了国际社会的稳定性，并成为阻碍世界经济发展的不确定性因素，但也为各国团结合作提供了历史性机遇（保建云，2020），通过绿色低碳发展实现经济复苏进一步成为各国的共识。面对新冠肺炎疫情、气候变化等重大危机，人类需要重新思考人和自然的关系，需要更加尊重自然、顺应自然、保护自然，更加重视人与自然的和谐共生，统筹当前和长远，未雨绸缪，应对全球性挑战。

5.3.2 地球系统可持续管理理念与科学评估支撑

1. 未来地球系统可持续管理的理念

科学界为减少人类活动过度干扰造成气候生态环境不可逆转的恶化提出了新理念。随着世界经济和人口的迅速增长，人类社会面临着全球环境变化带来的严峻挑战，为了向全球可持续发展提供必要的理论知识、研究手段和方法，2012 年 6 月"未来地球计划"（Future Earth，FE）设立，并开始着力推进自然科学和社会科学的紧密结合，向社会普及知识，为决策者提供依据，力求促进全球的可持续发展。2019 年 1 月未来地球计划宣布与世界自然保护联盟联合成立地球委员会（the Earth Commission），召集全世界顶尖的科学家开展对地球系统的评估，为地球生命支持系统（如水资源、陆地、海洋、生物多样性等）设定类似于《巴黎协定》规定的"为全球温升不超过工业化前 2℃并为不超过 1.5℃而努力"的科学目标，以支持采取措施确保地球系统处于稳定并具有恢复力的安全状态[①]。

地球委员会为"人类世"发展提出了"安全公正廊道"概念，也即地球系统可以继续支持包括人类在内的所有生命繁荣发展的路径。这一概念的提出旨在通过指导城市、企业和其他行为主体制定目标，在全球范围内实现地球系统的可持续管理。地球委员会也意识到，环境变化影响最大的往往是那些恢复力和适应能力最低、对排放贡献最小的人群，生物多样性等方面可能再也无法回到全新世的状态，除人类自身的公平外，还需兼顾地球其他生物的基本公平，推进人与自然和谐相处、协调发展，实现

---

① 参考第一卷 1.4.2、1.4.3 节。

人类社会的可持续发展转型，保护绿色星球。

2. 气候变化科学评估的支撑和引领

　　IPCC 历次评估报告不断强化了全球变暖的真实性、严峻性和紧迫性，成为全球气候治理构建最重要的科学依据。为探寻全球气候变化的原因及其影响，世界气象组织和联合国环境规划署于 1988 年共同发起成立了政府间气候变化专门委员会（IPCC），由各国政府推荐的科学家，在全世界公开发表的研究成果的基础上，对气候变化问题进行系统评估。这些报告汇集了全球最新的气候变化科学研究成果，经过了严格的专家和政府评审流程，被认为是气候变化科学认识方面权威和主流的共识性文件。这些报告关于全球变暖真实性、严峻性、紧迫性的结论，深刻地影响着气候变化应对机制的走向，不但推动了《联合国气候变化框架公约》、《京都议定书》和《巴黎协定》的诞生，也成为各国政府制定本国应对气候变化政策、采取应对措施的主要科学依据[1]。

　　IPCC 评估的重点已从气候变化科学事实转向应对机制和成效，并日益紧密地与联合国可持续发展目标相联系，将继续深刻影响全球气候治理的走向。在前四次评估报告的基础上，IPCC AR5 首次量化评估了 2℃温升目标下的累积排放空间，认为 21 世纪末及其后的全球平均地表变暖主要取决于二氧化碳的累积排放量；未来相对于工业化前温升 1℃或 2℃时，全球所遭受的风险将处于中等至高风险水平；最有可能实现在 2100 年将全球温升控制在工业革命前 2℃以内的情景，即将温室气体浓度控制在 450ppm CO_2eq。2018 年 IPCC 发布的《IPCC 全球 1.5℃温升特别报告》指出，实现 2℃的温升要求在 2030 年将二氧化碳排放量在 2010 年的基础上降低 20%，并在 2075 年左右达到净零排放；截至 2017 年底，工业化以来人类已累积排放了 22000 亿 t CO_2，当前人类活动排放的二氧化碳为每年 420 亿 t，而在 50% 和 66% 概率水平下，实现 1.5℃的温升要求再分别累积排放不超过 5800 亿 t 和 4200 亿 t 的二氧化碳，这意味着即使维持当前的排放速率不变，10 年之内也将用尽 67% 概率实现气候目标下的总排放空间。2021 年 8 月 IPCC 发布 AR6 第一工作组报告，确认全球温升与累积人为二氧化碳排放之间存在准线性关系，每一万亿吨的累积二氧化碳排放将造成全球地表温度升高 0.27~0.63℃，最佳估计值为 0.45℃；在 50% 的概率下，控制 1.5℃温升水平时，碳排放空间为 5000 亿 t CO_2；控制 2℃温升水平时，为 13500 亿 t CO_2，比 IPCC AR5 报告的 11200 亿 t 略有增加。这一系列涵盖气候变化科学事实、排放空间、路径和技术选择等评估，紧密地将科学与政策联系在一起，强化了全球应对气候变化行动的科学基础，并影响着各国应对气候变化战略政策的制定。尤其是 IPCC AR6 紧扣《巴黎协定》涉及的控制温升 2℃和力争 1.5℃目标，突出了其为全球可持续发展面临的实际问题提供解决方案的导向，将在新型气候治理模式下推动全球减排目标的实现[2]。

---

①　参考第一卷 1.4.1 节；第三卷 1.3.1、12.3.2 节。
②　参考第三卷 12.3.1、12.3.2 节。

5.3.3 统筹国际国内积极应对气候变化

1. 应对气候变化与生态文明建设

积极应对气候变化契合生态文明思想，坚持绿色、循环、低碳发展是促进高质量可持续发展的重要举措。2015 年 4 月中国发布《关于加快推进生态文明建设的意见》，指出要以全球视野加快推进生态文明建设，促进全球生态安全。中国提出的生态文明理念既是对可持续发展的继承，又是对可持续发展的理论的延伸和拓展。一方面，生态文明理论与可持续发展观高度契合，在发展脉络与实施途径上高度统一，都强调绿色经济是实现可持续发展的必由之路，可通过绿色、低碳和包容性的经济增长实现可持续发展；另一方面，生态文明强调人与人、人与自然关系的和谐，从文明变迁兴亡的角度看待人与生态之间的关系，更强调价值观的塑造与改变，通过思想观念和伦理价值的转变引导发展理念和行为方式的转变，进而促进产业结构、增长方式和消费方式的一系列转变，因而其不仅是发展路径的转型，更是发展思想的转型[①]。应对气候变化应从根本上转变经济增长方式和社会消费模式、调整产业结构、推动技术创新、提效节能减排、优化能源结构，这与推进生态文明建设的目标一致、政策相通，将是促进中国高质量可持续发展的重要举措。

努力争取 2060 年前实现碳中和意味着需要努力以更为高效和最少的资源、能源消费，来支撑经济社会的持续发展，实际上就是要努力实现以 1.5℃温升目标为导向的长期深度脱碳转型路径。以能源系统为例，到 2050 年将需要建成一个以新能源和可再生能源为主体的"净零排放"的能源体系，其中非化石能源在整个能源体系中的占比要达到 70%～80% 及以上[②]。发展循环经济，发展数字经济、高新技术产业，以数字化推进低碳化，控制高耗能、重化工业发展，调整产品和产业结构，在保持经济持续发展的同时，减少温室气体排放，同时在农业、林业、土地利用、草原、湿地等方面，实施"基于自然的解决方案"，加强生态环境的保护、治理和修复，提升生态系统的服务功能，增加碳汇，将是中国未来实现发展转型的重要措施。中国从二氧化碳排放达峰到碳中和过渡期只有 30 年时间，这意味着中国需要实现更大规模的能源消费和经济转型，以最少的资源、能源消费，来支撑经济社会的持续发展。以此为指导，中国需要统筹国内可持续发展与全球应对气候变化两个大局，遵循绿色、循环、低碳发展理念，明确与全球应对气候变化减排目标相适应的低碳经济发展路径，推动能源革命和经济发展方式转型，打造经济、民生、资源、环境与应对气候变化多赢的局面。

《中华人民共和国国民经济和社会发展第十四个五年规划和 2035 年远景目标纲要》明确提出，要积极应对气候变化，落实 2030 年应对气候变化国家自主贡献目标，制定 2030 年前碳排放达峰行动方案，要锚定努力争取 2060 年前实现碳中和，采取更

① 参加第三卷 12.6、13.4.3 节。
② 清华大学气候变化与可持续发展研究院．2020．《中国长期低碳发展战略与转型路径研究》综合报告摘要．

加有力的政策和措施。

2. 应对气候变化与构建人类命运共同体

全球气候治理是当今世界最能体现人类共同命运的全球性问题，积极参与全球气候治理体系建设，是中国推动构建人类命运共同体的重要实践。中国积极倡导构建人类命运共同体的理念，以负责任大国的有力担当，推动全球治理体系朝着更加公正合理的方向发展。"推动构建新型国际关系，推动构建人类命运共同体"已成为中国特色大国外交的总目标，被列入新时代中国特色社会主义发展的基本方略。中国在参与全球气候治理的长期实践中，已经形成了系统的全球气候治理观，它以合作共赢、公平合理为核心要义，包含了中国传统文化关于社会正义思想、中国国际关系理论、新型国际关系与人类命运共同体的理念（薄燕，2019）。构建人类命运共同体为中国推动全球气候治理提供了更高层次的理念基础，也为全球气候治理提供了中国的理念、话语、路径和愿景（李慧明，2018）。中国积极、建设性参与全球治理和多边进程，并为推进《巴黎协定》的达成做出了积极贡献，这也是践行新时代构建相互尊重、公平正义、合作共赢的国际关系，打造人类命运共同体的一个具体体现[①]。

中国倡导合作共赢、公平正义、共同发展的全球气候治理新理念，把合作应对气候变化视为推动各国可持续发展的机遇。应对气候变化是全人类的共同利益，各国有强烈的合作意愿、广泛的合作空间和利益交汇点，但也存在复杂的矛盾和各国及国家利益集团间的博弈，它是人类社会面临的最具挑战的国际和代际外部性问题。中国国家主席习近平在第七十五届联合国大会一般性辩论上的讲话指出，人类需要一场自我革命，加快形成绿色发展方式和生活方式，建设生态文明和美丽地球。应对气候变化《巴黎协定》代表了全球绿色低碳转型的大方向，是保护地球家园需要采取的最低限度行动，各国必须迈出决定性步伐。各国要树立创新、协调、绿色、开放、共享的新发展理念，抓住新一轮科技革命和产业变革的历史性机遇，推动疫情后世界经济"绿色复苏"，汇聚起可持续发展的强大合力。

中国通过加强应对气候变化、海洋合作、野生动物保护、荒漠化防治等交流合作，推动建设绿色丝绸之路。"一带一路"倡议由中国国家领导人发起，涵盖政策沟通、设施联通、贸易畅通、资金融通、民心相通等多个领域，坚持共商共建共享原则，秉持绿色、开放、廉洁理念，是推动构建人类命运共同体的重要平台。"一带一路"沿线国家人口规模大，能源禀赋相对高碳，生态环境脆弱，面临着经济发展、能源结构、环境保护等多方面的挑战，总体而言，经济增长与资源消耗和污染物排放尚未脱钩，处于绿色低碳转型的关键时期。经济发展与生态环境脆弱之间的矛盾是"一带一路"沿线国家和地区面临的挑战[②]。根据美国约翰斯·霍普金斯大学学者的统计，2000~2015年，中国在非洲的投资大部分都是投资于可再生能源产业，其中100亿美元投资于水

---

① 参考第三卷 13.4.3 节。
② 参考第三卷 12.5.2、12.5.4 节。

电，大约 15 亿美元投资于太阳能、风电和地热能发电；只有 22 亿美元投资于煤电，以及 19 亿美元投资于燃气发电。这意味着在电力产业，中国对非洲各国政府在非化石能源项目上的投资其实要远远多于化石能源项目。建设绿色丝绸之路，中国和沿线国家都必须从顶层设计的角度预估到跨境经济合作对生态环境造成的压力，提前准备好相应的政策应对措施，缓解生态环境可能带来的负面影响，使"一带一路"最终服务于构建共同繁荣的可持续发展的人类命运共同体[①]。

中国提出了努力争取在 2030 年前实现碳达峰、2060 年前实现碳中和的长期目标，这是中国坚持生态优先、绿色低碳循环发展理念的具体行动，将推动中国在保障经济社会可持续发展的同时，走向绿色低碳循环可持续发展的路径，为全球低碳发展转型提供中国经验。以构建人类命运共同体的理念为指引，以多方协作、包容互鉴与合作共赢的方式，推动和促进各国合作解决应对气候变化问题的将是实现中国梦必不可少的国际和平稳定秩序的必由之路，是实现维护国家自身利益与世界共同利益相一致的战略选择[②]。

5.4　应对气候变化：我们共同的未来

根据 IPCC AR6 第一工作组报告，未来二三十年，全球温升有很大可能会达到并超过 1.5℃。全球许多区域出现极端事件并发的概率将会增加。高温热浪和干旱并发，以风暴潮、海洋巨浪和潮汐洪水为主要特征的极端海平面事件，叠加强降水造成的复合型洪涝事件将加剧。到 2100 年，在采取有力措施的前提下，一半以上的沿海地区所遭遇的百年一遇的极端海平面事件每年都将会发生，与极端降水叠加，使得洪水更为频繁。特别是不排除发生类似于南极冰盖崩塌、海洋环流突变等气候系统临界要素的引爆，其一旦发生，将对地球生存环境带来重大灾难。

IPCC AR6 第一工作组报告明确确认温升是人为活动导致的温室气体排放引起的。如果要避免出现剧烈的影响，人类社会必须要采取措施控制温度的上升。

对于中国来说，温升很有可能要超过全球平均温度的上升，其带来的负面影响因而也就更加严重。近期不断出现的气候灾害已经是很明确的信号。气候变化带来的影响不会即刻出现剧烈的变化，但是这种影响却是已经可以观察和感受到的。这种变化让我们的生活无法回到以前，而且这种变化在未来将会越来越明显。

《巴黎协定》设立的温升目标是需要人类社会努力去实现的目标，是我们共同的未来。如果要实现《巴黎协定》的温升目标，全球的 CO_2 排放需要在 2050 年减排 50%以上（2℃温升目标），以及在 2050 年左右实现 CO_2 的净零排放（1.5℃温升目标）。通过努力，《巴黎协定》的目标是可以实现的，但是这种努力需要巨大的投入并且即刻开

[①]　参考第三卷 12.5.1、12.5.4 节。
[②]　参考第三卷 13.4.3 节。

始。随着技术进步，特别是光伏、风电等技术的成本明显下降，先进核电技术越来越成熟，成本也越来越低，在经济总量不断提升的情况下，我们也越来越有能力来应对气候变化。

到 2021 年 11 月，正式承诺实现碳中和的国家已经达到 136 个，其 CO_2 排放占全球 CO_2 排放的 88%。欧盟在 2019 年 12 月宣布到 2050 年实现温室气体中和。中国则在 2020 年 9 月公布努力争取 2060 年前实现碳中和目标。欧盟、美国、日本等国家和地区已经明显提升了 2030 年的减排目标。我国也将原来在《巴黎协定》中承诺的 2030 年目标进行了提升，同时也对非 CO_2 温室气体的减排给出了目标。

本书对中国的情景研究进行评估后认为，中国有可能在 2050 年实现 CO_2 的深度减排或者净零排放，从而支持《巴黎协定》目标的实现。实现这样的减排路径，需要在零碳电力包括光伏、风电、水电等可再生能源，核电，以及电网构建等方面进行大力投入，使得电力系统在 2050 年前实现净零排放。光伏和风电成本的快速下降，以及先进核电技术的成熟且成本减低，使得电力系统可以在成本相对较低的情况下实现净零排放。新型电力负排放技术，如生物质能发电采用 CCS 技术，可以实现电力部门的负排放。在电力部门实现净零排放甚至负排放的前提下，其他部门的基本策略是大力推进电力化，在工业、建筑和交通部门，大力提升电力化水平，实现高比例终端电力化。一些难以电力化的领域，如航空、航运、炼钢、石化、金属冶炼等，在采用创新技术，如氢基技术，实现其近零排放。通过价格低廉的可再生能源和核电制绿氢，电力系统可以全生命周期实现零碳排放。在上面这些措施实现的情况下，中国的能源活动有可能在 2050 年左右实现净零排放，从而支持 2060 年碳中和目标的实现。

根据研究评估，在 2050 年左右实现能源相关活动的净零排放，从目前到 2050 年合计需要的投资在 120 万亿 ~ 150 万亿元。同期，中国的 GDP 总量在 4000 万亿元以上，其从 GDP 总量上是可以支持能源相关活动的经济转型的。

在能源系统减排的基础上，基于自然的解决方案也是重要的实现碳中和的途径。这些措施主要包括：植树造林、沙漠治理、生态系统保护和修复、资源可持续利用、野生动植物保护、有害生物防御、生态保护红线划定、生态功能区确定、自然保护地体系建立等。

实现《巴黎协定》温升目标，可以更好地支持可持续发展目标的实现。实现碳中和的能源和经济转型，可以更好地促进就业，增加经济总量，实现收入增长。同时，能源和经济转型可以更好地减少大气雾霾相关气体的排放，明显改善大气质量，而且这样的转型可以有助于减少水的需求。

全球合作应对气候变化是世界实现全球社会目标的重要体现。联合国已经将实现《巴黎协定》目标作为近期的重要任务。中国实现碳中和战略，可以更好地促进国际合作，强化以联合国为基础的多元合作机制，推进人类命运共同体的构建。

IPCC 评估报告和本书的评估结论均指出，气候变化将给全球和中国带来明显的影响。除了一般意义上的不利影响，决策应该更关注一些发生概率小但可能造成灾难性影响的灾害。适应战略要提到非常重要的层次上，尽快在这些评估报告的基础上，制定近期的纳入小概率但是大影响的防范措施，避免出现重大的社会灾害。

根据 IPCC AR6 第一工作组报告，即使采取强有力的努力实现 1.5℃ 温升目标，未来 20 年温升也非常可能超过 1.5℃，因而温升带来的影响会明显而且迅速。适应战略将变得非常重要。要在近期建立强有力的适应措施体系，去防范越来越频繁的、未曾经历过的极端事件，避免类似于 2021 年洪涝带来的超过数百人死亡的事件发生。同时，需要构建全体系的适应系统，这些适应系统的建设，需要在全新的对气候变化影响的更高层次的认识下，多层次、跨体系、全区域构建。

▪ 参考文献

保建云. 2020. 新公共治理变革与世界秩序重塑——中国面临的挑战、机遇及战略选择. 人民论坛，（11）：10-17.

薄燕. 2019. 中国全球气候治理观的要义、基础与实践. 当代世界，（12）：50-56.

陈德亮，秦大河，效存德，等. 2019. 气候恢复力及其在极端天气气候灾害管理中的应用. 气候变化研究进展，15（2）：167-177.

李成宇，张士强. 2020. 中国省际水–能源–粮食耦合协调度及影响因素研究. 中国人口·资源与环境，30（1）：120-128.

李慧明. 2018. 构建人类命运共同体背景下的全球气候治理新形势及中国的战略选择. 国际关系研究，（4）：15-16.

秦大河，张建云，闪淳昌，等. 2015. 中国极端天气气候事件和灾害风险管理与适应国家评估报告. 北京：科学出版社.

苏勃，效存德. 2020. 冰冻圈影响区恢复力研究和实践：进展与展望. 气候变化研究进展，16（5）：579-590.

于宏源. 2020. 疫情和气候危机下的清洁能源之路——评《清洁能源外交：全球态势与中国路径》. 能源，（4）：95-96.

张海冰. 2020. 全球抗击新冠肺炎疫情：国际合作与路径选择. 当代世界，（5）：4-10.

张小全，谢茜，曾楠. 2020. 基于自然的气候变化解决方案. 气候变化研究进展，16（2）：336-344.

张莹，姬潇然，王谋. 2021. 国际气候治理中的公正转型议题：概念辨析与治理进展. 气候变化研究进展，17（2）：245-254.

张篪，李桂花. 2020. "人类命运共同体"视域下全球治理的挑战与中国方案选择. 社会主义研究，（1）：103-110.

支彦玲，陈军飞，王慧敏，等. 2020. 共生视角下中国区域"水–能源–粮食"复合系统适配性评

估 . 中国人口·资源与环境，30（1）：129-139.

中国气象局气候变化中心 . 2020. 中国气候变化蓝皮书（2020）. 北京：科学出版社 .

Forster P M，Forster H I，Evans M J，et al. 2020. Current and future global climate impacts resulting from COVID-19. Nature Climate Change，10：971.

Griscoma B W，Adamsa J，Ellis P W，et al. 2017. Natural climate solutions. Proceedings of the National Academy of Sciences of the United States of America，114（44）：11645-11650.

Hoff H. 2011. Understanding the Nexus. Bonn：Bonn 2011 Conference：the Water，Energy and Food Security Nexus Solutions for the Green Economy.

IPCC. 2014. Climate Change：Mitigation，IPCC Report. Cambridge：Cambridge University Press.

Jiang K J，He C M，Qu C F，et al. 2019. Are China's Nationally Determined Contributions（NDCs）so bad? Science Bulletin，64（6）：364-366.

Kanakoudis V，Tsitsifli S. 2019. Special issue on the 3rd EWaS International Conference on "Insights on the Water-Energy-Food Nexus" Editorial Advanced approaches on sustainable full water cycle management. Desalination and Water Treatment，167（2019）：340-342.

Le Quéré C，Jackson R B，Jones M W，et al. 2020. Temporary reduction in daily global CO_2 emissions during the COVID-19 forced confinement. Nature Climate Change，10：647-653.

Martinez-Hernandez E，Leach M，Yang A D. 2017. Understanding water-energy-food and ecosystem interactions using the nexus simulation tool NexSym. Applied Energy，206：1009-1021.

Romero-Lankao P，McPhearson T，Davidson D J. 2017. The food-energy-water nexus and urban complexity. Nature Climate Change，7（4）：233-235.

Shukla P R，Skea J，Calvo B E，et al. 2019. Summary for policymakers//IPCC. Climate Change and Land：an IPCC Special Report on Climate Change，Desertification，Land Degradation，Sustainable Land Management，Food Security，and Greenhouse Gas Fluxes in Terrestrial Ecosystems. https://www.ipcc.ch/srccl/chapter/summary-for-policymakers/.[2019-09-16].

Teng F，He J K，Dong W J，et al. 2019. A biased fairness assessment against developing countries.Science Bulletin，64（6）：367-369.

UNEP . 2019. Emissions Gap Report 2019. Nairobi：United Nations Environment Programme.

Weitz N，Strambo C，Kemp-Benedict E，et al. 2017. Closing the governance gaps in the water-energy-food nexus：insights from integrative governance. Global Environmental Change，45：165-173.

WHO. 2020. Impact of COVID-19 on People's Livelihoods，Their Health and Our Food Systems. https://www.who.int/news/item/13-10-2020-impact-of-covid-19-on-people's-livelihoods-their-health-and-our-food-systems. [2020-12-31].